赏石

文化百科

奇石赏玩雅趣

刘干才 编著 胡元斌 丛书主编

汕头大学出版社

图书在版编目（CIP）数据

赏石：奇石赏玩雅趣 / 刘干才编著. —— 汕头：汕头大学出版社，2015.2（2020.1重印）

（中国文化百科 / 胡元斌主编）

ISBN 978-7-5658-1616-1

Ⅰ. ①赏… Ⅱ. ①刘… Ⅲ. ①石—鉴赏—中国 Ⅳ. ①TS933

中国版本图书馆CIP数据核字(2015)第020775号

赏石：奇石赏玩雅趣   SHANGSHI：QISHI SHANGWAN YAQU

编　　著：刘干才
丛书主编：胡元斌
责任编辑：叶　慧
封面设计：大华文苑
责任技编：黄东生
出版发行：汕头大学出版社
　　　　　广东省汕头市大学路243号汕头大学校园内　邮政编码：515063
电　　话：0754-82904613
印　　刷：三河市燕春印务有限公司
开　　本：700mm×1000mm 1/16
印　　张：7 .
字　　数：50千字
版　　次：2015年2月第1版
印　　次：2020年1月第2次印刷
定　　价：29.80元
ISBN 978-7-5658-1616-1

前　言

　　中华文化也叫华夏文化、华夏文明，是中国各民族文化的总称，是中华文明在发展过程中汇集而成的一种反映民族特质和风貌的民族文化，是中华民族历史上各种物态文化、精神文化、行为文化等方面的总体表现。

　　中华文化是居住在中国地域内的中华民族及其祖先所创造的、为中华民族世世代代所继承发展的、具有鲜明民族特色而内涵博大精深的传统优良文化，历史十分悠久，流传非常广泛，在世界上拥有巨大的影响。

　　中华文化源远流长，最直接的源头是黄河文化与长江文化，这两大文化浪涛经过千百年冲刷洗礼和不断交流、融合以及沉淀，最终形成了求同存异、兼收并蓄的中华文化。千百年来，中华文化薪火相传，一脉相承，是世界上唯一五千年绵延不绝从没中断的古老文化，并始终充满了生机与活力，这充分展现了中华文化顽强的生命力。

　　中华文化的顽强生命力，已经深深熔铸到我们的创造力和凝聚力中，是我们民族的基因。中华民族的精神，也已深深植根于绵延数千年的优秀文化传统之中，是我们的精神家园。总之，中国文化博大精深，是中华各族人民五千年来创造、传承下来的物质文明和精神文明的总和，其内容包罗万象，浩若星汉，具有很强文化纵深，蕴含丰富宝藏。

　　中华文化主要包括文明悠久的历史形态、持续发展的古代经济、特色鲜明的书法绘画、美轮美奂的古典工艺、异彩纷呈的文学艺术、欢乐祥和的歌舞娱乐、独具特色的语言文字、匠心独运的国宝器物、辉煌灿烂的科技发明、得天独厚的壮丽河山，等等，充分显示了中华民族厚重的文化底蕴和强大的民族凝聚力，风华独具，自成一体，规模宏大，底蕴悠远，具有永恒的生命力和传世价值。

在新的世纪，我们要实现中华民族的复兴，首先就要继承和发展五千年来优秀的、光明的、先进的、科学的、文明的和令人自豪的文化遗产，融合古今中外一切文化精华，构建具有中国特色的现代民族文化，向世界和未来展示中华民族的文化力量、文化价值、文化形态与文化风采，实现我们伟大的"中国梦"。

习近平总书记说："中华文化源远流长，积淀着中华民族最深层的精神追求，代表着中华民族独特的精神标识，为中华民族生生不息、发展壮大提供了丰厚滋养。中华传统美德是中华文化精髓，蕴含着丰富的思想道德资源。不忘本来才能开辟未来，善于继承才能更好创新。对历史文化特别是先人传承下来的价值理念和道德规范，要坚持古为今用、推陈出新，有鉴别地加以对待，有扬弃地予以继承，努力用中华民族创造的一切精神财富来以文化人、以文育人。"

为此，在有关部门和专家指导下，我们收集整理了大量古今资料和最新研究成果，特别编撰了本套《中国文化百科》。本套书包括了中国文化的各个方面，充分显示了中华民族厚重文化底蕴和强大民族凝聚力，具有极强的系统性、广博性和规模性。

本套作品根据中华文化形态的结构模式，共分为10套，每套冠以具有丰富内涵的套书名。再以归类细分的形式或约定俗成的说法，每套分为10册，每册冠以别具深意的主标题书名和明确直观的副标题书名。每套自成体系，每册相互补充，横向开拓，纵向深入，全景式反映了整个中华文化的博大规模，凝聚性体现了整个中华文化的厚重精深，可以说是全面展现中华文化的大博览。因此，非常适合广大读者阅读和珍藏，也非常适合各级图书馆装备和陈列。

目 录

夏商两周时期

秦汉隋唐时期

宋元明清时期

夏商两周时期

石器时代是人类社会发展过程中的蒙昧时代。灵石崇拜与大山崇拜几乎同时发生，互有叠压现象，并在发展过程中不断深化，灵石由神秘化进而人格化。

夏朝的建立和青铜器的出现，极大地促进了生产力的发展，尤其是玉器的广泛应用和加工技术的全面提高，为赏石文化的产生打下了坚实的基础。

商代妇好墓中的玉器品类繁多，精美绝伦，集古玉器艺术之大成，象牙杯镶嵌有绿松石，是古代雕刻与镶嵌精品。

远古灵石崇拜启蒙赏石文化

一部浩如烟海的人类文明史，也就是一部漫长的由简单到复杂、由低级到高级的石文化史。

人类的祖先从旧石器时代利用天然石块为工具、当武器，到新石器时代的打制石器；从出土墓葬中死者的简单石制饰物，到后来的精美石雕和宝玉石工艺品。

各种石头始终伴随着人类从蛮荒时代，逐步走向文明，直至未来。古今一切利用石头的行为及其理论，构成了石文化的基本内容。

170万年前的元谋人开始使用打制的石头工具，比较简单粗糙，就质地而言，早期以易于加工、质地较松软的砂质岩为主。

　　而且，元谋人已经开始用石块作为随葬品。北京周口店猿人洞穴，石器原料多为石英岩，也有绿色砂岩、燧石、水晶石等。

　　早在3万年前，峙峪人所制作的一件石墨饰物提供了目前所知最早的实物例证。

　　在三峡地区，10万年前的长阳人遗址，几千年前的大溪、中堡岛、红花套、城背溪、关庙山等新石器时代文化遗址，从这些遗址中发现最早最多的器物便是石器。不仅有石锛、石斧，石刀、石刮器等生产生活用具、而且还有石珠、石球、石人、石兽等装饰和玩赏石品。

　　距今1.8万年前的山顶洞人时期，石器加工比较精细，且已经出现装饰品，如钻孔石坠、穿孔小石珠、砾石等。距今1万年前的桂林庙岩人时期，就出现了用石头制作的工艺品。庙岩人选择形状像鱼的天然石块，在一端略作修饰，做成鱼头，在另一端雕刻出鱼尾纹，使整块石头像一条鱼，增添了石的观赏魅力。

距今1万至7000年前，桂林的甑皮岩人用小块石头穿孔作为胸饰佩带。同时，在甑皮岩墓葬中还发现带有宗教色彩的红色赤铁矿粉末，并以此作为崇拜物洒在女性臀部上；一些男性死者身旁摆放有鹅卵石和青石板。

距今7000年前的河姆渡文化，遗存有选料和加工具有相当水准的玉玦、玉环、玉璜等各种玉器。

这些遗物充分证明，在旧石器时代晚期，原始人除了个人使用的简陋劳动工具和贴身装饰品外，还利用石头制造出了生产用品、装饰品和祭器。

距今5000年前的马家窑文化彩陶罐里，发现有已断线的砾石项链。

石，大者为山，小者为石，石是山的浓缩和升华。"土之精为石。石，气之核也。"在万物有灵的原始宗教思想支配下，山是有灵性的，石为山之局部当然也有灵性，就出现了灵石。

在内蒙古乌拉特中旗，有一处被称为狩猎图的岩画，画中间一巨石耸立，两边安放着小岩石。这是氏族部落崇拜灵石的宗教场所。

人们对大山无比敬仰，以山作为神的化身，而大自然中存在一种主宰一切的神灵，神灵居住在大山之上，大山也就更加至高无上了。

泰山是大山崇拜的典型代表，是大山崇拜的载体，泰山也是中华东方崇拜信仰的典型范例。泰山是我国的神山、圣山，自古就为人们所崇敬。

石为自然生成之物，虽世间沧海桑田，天苍地老变化无常，而石头巍然屹立、坚硬、耐久不变。人类认为石头有灵，从而产生了敬仰心理，产生了石崇拜和有关石头的传说。

石祖崇拜是广泛存在于世界各地的一种原始信仰，它起源于远古时代，但影响颇深，至今有些民族和地区依然保留着原始崇拜的遗俗。石祖是一种崇拜形态，一般将石柱、石塔、石洞、孤立石等作为性器官的象征，成为崇礼和膜拜的对象。

石器是人类对自然石形态改变的结果，石器时代是石文化的重要实践过程，也是人类自觉地、主动的与自然抗争的过程。

石器的制造经过了由简而繁、由单一到多样，进而到定型化、艺术化的过程。旧石器时期，石器外形简单粗糙，多为利用天然石块或河滩软石稍加打制用于生产。

后来随生产的发展和所需的不同，种类繁多的石器相继出现。

石器在材料选择上由自然石块到普通石材，由软质石料到硬质石料，由单一石种到多石种，由普通石种到优质石种，直至玉石、宝石。并由重外形到重质地、重色彩，各种优质石种相继被发现、被应用。

可以说，石器的多功能、多样化与定型化，石料选择由就地取材到多方寻觅，是经过长期选择和实践的结果。同时，石器的多样化与定型化，是历经亿万次实践而形成的最佳外观形式，这种最佳的外观形式萌生美的雏形。

因此，石器时期是石文化的奠基阶段，是赏石文化的实践阶段。

远古的神话传说是先民对自然山石、社会生活和思想意识的生动反映。它积淀了一定的历史真实，并且寄托着先民对宇宙奥秘的认识、理解和对自己命运的追求。

它是集体创造的最初形态的原始文化意识，在文字出现后逐渐被记录下来，虽有一定的加工和附会，但仍能反映出朴素的原始风貌。

女娲是我国神话中创造万物的女神，她创造了人类，是人类的女始祖。"女娲补天"的神话传说，记述远古时期，当天崩地裂，人类生存受到威胁时，她以大无畏的精神，炼五彩石把残缺的天补起来，挽救了人类，后人因此把彩色异常之石叫作女娲石。

《南康记》记述：

归美山山石红丹，赫若彩绘，峨峨秀上，切霄邻景，名曰女娲石。

女娲石同女娲一样，在我国历史上具有深远影响，它被认为是我国最古老的奇石，也是人间最理想的观赏石。

世界上每个民族都有其独特的地理环境，也相应有其理想的环境模式，昆仑山是我国人追求的神山仙境，它被描绘成无比高大奇特，拔地而起直上青天，是一处可望而不可即的仙境，同时又被视为西王母居住之地，很多历史文献多有记载。

《山海经·海内经》中说："昆仑之虚方八百里，高万仞，百神之所在。"《海内十州记》中将昆仑山描写得富丽辉煌："金台玉楼，相鲜如流精之阙光；碧玉之堂，琼华之室，紫翠丹房，锦云烛日，朱霞九光，西王母之所治也，真官仙灵之所宗。"

此外，先秦古书《穆天子传》则细致描绘了周穆王驾八骏渡沙漠，万里西游至昆仑，与西王母瑶池欢宴的盛况。这些神奇的神话传说，自然引起人们的极度憧憬。

小者为石，大者为山，因此昆仑山也就成为远古时期最伟大的奇石。

随着社会的进步，灵石由神秘化进而人格化，被人类崇拜祭祀。如关于"禹生于石"、"启母石"的传说，就是原始灵石崇拜的写照，传说将灵石人格化并将石赋予母性的特征。

《淮南子·修务训》："禹生于石"。《随巢子》："禹产于昆石"。明确提出禹是昆石所生。在《遁甲开山图》中记述禹是其母女狄"得石子如珠，爱而吞之"，感石受孕而生。二者都反映一个事实，禹因石而生，石是禹产生的根本。

禹不仅生于石，而且还是社神。《淮南户·氾论篇》记载："禹劳天下，死而为社"。认为禹是社神，是"名山川的主神"。《书·吕刑》记载："禹平水土，主名山川"。

河南嵩山南坡有一巨石，高十余米，相传即为启母石。有文记载"古代神话谓禹娶涂山氏女生启，母化为石"。灵石非但有灵，还具有生育能力。大禹由灵石所生，而我国第一个王朝统治者夏启，也是石头所生，"石破北方而生启"，夏启之母涂山氏也由人变成石头，而石头又生了启。

禹、夏启、涂山氏3人的生存均与石头息息相关，组成一个由灵石衍生出来的家庭，最典型最生动地反映出夏代对灵石的敬仰和神化。

人和石具有不解之缘，人类的祖先是石头所生，那么人类也就成了灵石的后代，人和石从远古就结合在一起，所以对石头的信仰和崇拜也就在情理之中了，对灵石崇拜的礼俗也应运而生。这一切为我国赏石文化的产生，从实践和理论上创造了前提条件。

夏朝划分九州，铸九鼎，产生文字，标志着我国进入了文明社会。

《左传》记载："茫茫禹迹，画为九州。"夏将全国划分为九州，设九牧以统治国民。夏王朝的建立，揭开了我国历史新篇章，开创了中华民族文明历史。

夏商周诸氏族相继崛起，先后完成了从部族到民族的发展，并相互影响，相互融合成为汉民族文化的基础。而以汉民族为中心的中华民族大家庭，又为传统文化奠定了坚实的基础。

相传"禹铸九鼎"，并把国家大事铸在上面。《汉书·郊祀志》记载："禹收九牧之金，铸九鼎，像九州。"禹在九鼎的鼎面上，分别铭刻着天下9个州的山川草木、禽兽的图像。

奇异的观赏石在典籍中的最早记载应推《尚书》，其中列举九州上贡的物品，青州有"铅松怪石"，徐州为"泗水浮磬"。在《尚书译注》中称怪石为怪异、美好如玉的石头，产自泰山。

《尚书·禹贡》记载："岱丝、桌铅、怪石"。《名物大典》上记载"泗水浮磬"即磬石。孔安国《尚书·传》记载："泗水涯水中见石，可以为磬"。《枸橼篇》记载："泗水之滨多美石"。

磬在远古时期也称作"鸣石"或"鸣球"，《尔雅·释乐》记载："大磬谓之磬。"《尚书·益稷》记载："戛击鸣球"、"击石拊石，百兽率舞。"记述了先人化装后模仿自然界各种鸟兽的形象和动作在击石拊石的节奏声中，"手之舞之，足之蹈之"，追逐嬉戏的生动场面。

夏代青铜器的出现，说明人类已经跨入文明社会的门槛。洛阳二里头文化遗址被确认为夏王朝的都城遗址。二里头遗址修建十分豪华，四壁文采斐然，并嵌以宝玉，其间还堆放着青铜、美玉、雕石等，其中有一件镶嵌绿松石铜牌，制作精美，镶嵌技术熟练，是件艺术精品。

此外，在南京北阴阳营新石器时代墓葬中发现大量磨制精细的石器工具，如石铲、石斧和石刀等。

除石器以外，还有玉器、玛瑙与绿松石等装饰品，说明绿松石、玛瑙已被广泛运用。

南京还在夏代遗址发现76枚天然花石子，即雨花石，分别被随葬在许多墓葬中，每个墓中放1至3枚雨花石子不等，有的雨花石子放在死者口中。这是已知关于雨花石文化的最早实证，证明在新石器晚期的夏商时期，赏石文化已初步形成。

灵石信仰是自然崇拜的一种形式，虽然历经社会动荡和不同民族习俗及文化的碰撞与融合，形式发生变化，同时也加上不同时代的印记，但人们的崇敬心态还是一脉相承，并演变为对灵石的各式崇拜、众多礼拜仪式和遗俗。

在《山海经》这部我国古代最早的神话总汇中，有记述仰韶文化的神话。书中记述了大量先秦时期华夏美石、奇石、采石、文石、泰山玉石、乐石、蚨石、冷石等石种，同时还大量记述了各地山神。

拓展阅读

在人类文明史上，每个社会形态的文明都必须借鉴和吸收以前社会形态所创造的一切文明成果，只有如此，社会方有新的创造和进步。赏石文化也是经过了这样的传承方式。

赏石是在长期的生产劳动中逐渐形成的，起初重视实用性，渐渐发展到重视色彩、质地，进而发展成为装饰品和饰物，成为审美对象。

原始人类已经自觉或不自觉地用美丽的小石子作为装饰物，虽处于萌芽状态，但已成为赏石文化的早期行为。

商代崇玉之风开启赏石之门

我国赏石文化，最早是在园林中得以实践，苑内筑丘、设台，布置山石。

《史记·殷本纪》中记载：

益收狗马奇物，充韧宫室，益广沙立苑台，多取野兽蜚鸟置其中……，乐戏于沙丘。

我国园林最初的形态称为"囿"，即起源于殷商时期。囿最初是帝王放养禽兽，以供畋猎取乐和欣赏自然界动物生活的一个审美享乐场所。

先秦由于经济的发展，生产资料有了剩余，猎取的一些动物，能成活的，便圈起来人工饲养，以后随范围扩大和种类的增多，渐渐发展成为园林的雏形。

除园林石外，这时最早开发出了观赏石中的灵璧石。灵璧石主要产自于安徽灵璧县，远在3000年前，就已经被确认为制磬的最佳石料，并且对其进行开采和利用。从殷墟中发现的商代"虎纹石磬"就是实物的佐证。

这面"虎纹石磬"原是殷王室使用的典礼重器，横长84厘米，纵高42厘米，厚2.5厘米，石磬正面刻有雄健威猛的虎纹，可称为商代磬中之王。

虎纹石磬发现于殷墟武官村大墓，是形体最大的商磬。它表面雕刻的虎形纹造型优美，刀法纯熟，线条流畅，薄薄的石片表面，一只老虎怒目圆睁，虎尾上扬，虎口扩张，尖尖的獠牙清晰可辨，老虎身躯呈匍匐状，做出猛虎扑食的架势。

据测定，该磬有5个音阶，可演奏不同乐曲，轻轻敲击，即可发出悠扬清越的音响。

石磬在商代是重要的礼乐之器，商人用以祭天地山川和列祖列宗。《尚书·益稷篇》载："击石拊石，百兽率舞"，即是表述先民敲击石磬，举行大型宗教舞蹈的场景。

磬的形制又分为单悬的特磬与成组使用的编磬，它们不仅在数量上有区别，而且其质地也在使用中有严格的规范。祭天地山川，使用石磬；祭列祖列宗，则敲击玉磬。

后来又规定，只有王宫的乐坛上才可以悬击石磬。诸侯如胆敢悬击石磬，那就是僭越，是大逆不道的行为。在王室还设有磬师，专门教授击磬之道。

这件虎纹石磬，是单悬的特磬，以青色灵璧大理石精心磨雕，在发现这件石磬的西侧有女性骨架24具，可能是殉葬的乐工。

殷墟中有许多件商代石磬，妇好墓中就有5件长条形石磬，制作比较精细，磬身上分别刻有文字和鸮纹，其中有3件，均为白色，泥质灰岩，形亦相近，可能是一套编磬。

妇好为商王武丁之妻，其墓位于安阳小屯，里面有铜器、石器、玉器、骨器、陶器等多达一千余件。尤其玉器品类繁多，玉器制造精美绝伦，集古玉器艺术之大成，象牙杯通体雕刻，并镶嵌有绿松石，是古代雕刻与镶嵌精品，同时已出现了专门从事玉器生产的人员，称为"玉人"。

进入商代，作为赏石文化的先导和前奏，赏玉活动就已经十分普及了。据史料载：周武王伐纣时曾"得旧宝石万四千，佩玉亿有万八"。

而《山海经》和《轩辕黄帝传》则进一步指出：黄帝乃我国之"首用玉者，黄帝之时以玉为兵"。舜曾把一块天然墨玉制成玄圭送给禹。

玉器收藏，最晚始于夏商时期。由于玉产量太少而又十分珍贵，故以"美石"代之，自在情理之中。

因此，我国赏石文化最初实为赏玉文化的衍生与发展。《说文》道："玉，石之美者"，这就把玉也归为石之一类了。于是奇石、怪石后来也常跻身宝玉之列而成了颇具地方特色的上贡物品。

妇好墓中玉器的原料，大部分是新疆玉，只有 3 件嘴形器，质地近似岫岩玉，一件玉戈可能是独山玉，另有少数板岩和大理岩。

这说明商王室用玉以新疆和田玉为主体，有别于近畿其他贵族和各方国首领所用的玉器，从而结束了我国古代长达二三千年用彩石玉器的阶段。

妇好墓玉器的玉色以深浅不等的青玉为主，白玉、黄玉墨玉极少。除王室玉之外，还有来自地方方国的玉器，如有的刻铭说明是来自"卢方"的，这反映了商王室玉和方国玉器的工艺特色。

琢玉技巧有阴线、阳线、平面、凹面、立体等手法，在一件玉器上往往有多种琢法，图案的体面处理也有变化。

妇好墓玉器的新器型有簋盘纺轮、梳、耳勺、虎、象、熊、鹿、猴、马、牛、狗、兔、羊头、鹤、鹰、鸥、鹦鹉、鸽、燕雏、鸬鹚、鹅、鸭、螳螂、龙凤双体、凤、怪鸟、怪兽以及各式人物形象等，其中有些器型尚属罕见。

妇好墓玉器的艺术特点不仅继承了原始社会的艺术传统，而且依据现实生活又有所创新，如玉龙继承了红山文化的玉龙，仍属蛇身龙系统而又有变化，头更大，角、目、口、齿更突出，身施菱形鳞纹，昂首张口，身躯卷曲，似欲腾空，形体趋于完善。

玉凤是商代的新创形式，高冠勾喙，短翅长尾，飘逸洒脱，与玉龙形成对照。玉龙、玉凤和龙凤相叠等玉雕的产生可能与巫术有关。

玉象、玉虎等动物玉雕来自生活，用夸张概括的象征性手法准确地体现了动物的个性，如象的驯服温顺，虎的凶猛灵活等。

玉人是妇好墓玉器中最为珍贵的部分，如绝品跪形玉人，头戴圆箍形，前连接一筒饰，身穿交领长袍，下缘至足踝，双手抚膝跪坐，腰系宽带，腹前悬长条"蔽"，两肩饰臣字目的动物纹，右腿饰 S 形蛇纹，面庞狭长，细眉大眼，宽鼻小口，表情肃穆。其身份是墓主人妇好还是贵妇，难以确辨。

无论是玉禽、玉兽还是玉人，均为正面或侧面的造型，这是妇好墓玉雕以至整个商代玉器的共同特点，也反映了商代以品玉为特色的赏石文化，从而为后世丰富多彩的赏石文化开了先河。

拓展阅读

商朝时期为后世留下了丰富的遗物，为我国赏石文化的发生和发展提供了有力的物证，弥补了先秦文献记载之不足。

玉器时代是石器时代的进步和发展，也是石头制作技术和石头应用的全面总结和实践，并且在此基础上创造出了光辉的玉石文化。

玉器时代又是赏石文化的起始，并为赏石文化的产生和发展提供了全套的技术。

春秋战国赏石文化的缓慢发展

进入周朝时期，除了玉器在继承殷商玉器技艺方面发展的同时，以自然奇石为对象的活动方面也有所进步。

我国历史上有文字记载的这方面的事件，可以追溯到3000多年前的春秋时期。据《阙子》载："宋之愚人，得燕石于梧台之东，归而藏之，以为大宝，周客闻而现焉。"

阙子由此可以算作我国最早的石迷，也可称为奇石收藏家，相传他得燕石于梧台。梧台，即梧宫之台，在山东临淄齐国故都西北。

《太平御览》中对这件事作了较详细的记述，阙子得了一块燕石，视为珍宝，便用帛包了10层，放在一个里外有10

层的华美箱子里。

但是，由于审美观点不同，人们对同一燕石出现了不同评价，真可谓仁者见仁，智者见智。

通过这亦庄亦谐的故事，说明先秦时期民间已有怪石的收藏活动。

春秋时期，楚国也出现了一位极为著名的奇石收藏家，就是卞和。有一次，他在荆山脚下发现一块十分珍奇的"落凤石"，于是拿去献给楚王，雕琢成"价值连城"的"和氏璧"，并经历了10个朝代、130多位帝王，1620余年，创造了奇石收藏时间最长的世界纪录。

韩非子是战国时期的哲学家，他在《韩非子·和氏》中记述了和氏璧的传奇历史：春秋时期，楚国采玉人卞和在楚山采到一块璞玉赏石，先后献给楚厉王和楚武王，但二人均无识宝之慧眼和容人之胸怀，反而轻信小人之言，颠倒是非。卞和被诬为欺君，砍去了双脚。

但是，卞和不屈不挠，当楚文王即位时再度献宝。精诚所至，金

石为开，玉人理璞而得宝石，遂命名为和氏璧。

韩非子认为和氏璧之珍贵，是由其本质特征所决定的，贵在天然，"和氏之璧不饰于五彩，隋侯之珠不饰以银黄，其质至美"。

一块宝石历3位君王，废卞和二足方被人认识和

接受，它的出世可称为世界之奇，同时和氏璧也触发了众多历史事件。如秦王愿以十五座城池换取和氏璧，引出了蔺相如"完璧归赵"的故事。

后来秦始皇统一中国，得和氏璧，命玉

工孙寿将丞相李斯手书"受命于天，既寿永昌"8个鸟虫形篆字镌刻其上，始成国玺，并雕成"方四寸兽纽，上交五蟠螭"。

春秋之际，各国王侯为娱乐享受，竞相经营宫苑，争奇斗胜，吴王夫差筑"姑苏台"，《说苑》则记载："楚庄王筑层台延石千重，延壤百里。"足见当时园林已初具规模，并且院内有地形起伏变化和山石、奇物、鸟兽、层台等。

这时，还产生了我国最早的一部诗歌总集《诗经》，不仅在文学艺术，而且在赏石文化方面也具有重要价值。《诗经》记述了先人对美石的歌颂和以石为信物、以石为礼品相互赠送的情景。

秦国士子交往"投我以木瓜，报之以琼瑶"。琼瑶也是美石，已作为士子间的礼品。《诗经·栖舟》："我心匪石，不可转也，我心匪席，不可卷也。"以石托物明志。

在历史的长河中，道家与儒家对我国赏石文化具有深远影响。道家崇尚自然，无为而治的思想和儒家的仁义道德思想，都可归于天人合一的思想。天即大自然，人们由畏天到敬天，进而达到与自然的和谐统一，天人合一。

出生在三峡岸边的战国诗人屈原，也是一位奇石爱好者，在他那光照日月的诗篇中，多处写到奇石。他的帽子上嵌着明月宝璐，衣服上佩着昆仑玉英；乘的龙车是用玉石做的轮子；带的干粮是用玉石磨的精粉；在汨罗殉国时，也是抱石而投江的。

此外，他还以巫峡山顶那块奇石"神女"为象征，塑造了一位盼望情郎的美女山鬼。战国齐国孟尝君"以币求之"，以美石分给"诸庙以为磬"。

拓展阅读

公元前206年，汉高祖刘邦得到和氏璧而使其成为传国之宝。《录异记》："岁星之精，坠入荆山，化而为玉，侧而视之色碧，正而视之色白。"

和氏璧是块宝石还是块玉石自古说法不一，据近代学者分析，有的认为是蜡长石，有的认为是月光石，尽管不能定论，这历史之谜有待于人们探讨研究，但是2400年前和氏璧的出现，对于宝石、玉石和赏石文化的认识和应用，无疑具有巨大的推动作用，并对后代的赏石文化产生了巨大影响。

秦汉隋唐时期

秦始皇建"阿房宫"和其他一些行宫，以及汉代"上林苑"中点缀的景石颇多。东汉巨富、大将军梁冀的"梁园"和东晋顾辟疆的私人宅苑都曾收罗奇峰怪石。

隋唐时期是继秦汉之后又一个昌盛时期。思想活跃，百家争鸣，儒、道、佛三教并举，互补互尊，并为赏石文化创造了物质基础和文化条件。

秦代封禅造景开赏石之风

随着社会的发展，人们对自然的认识也日益深化，原来作为自然崇拜的某些对象，渐渐被赋予某些社会属性，使自然神演化为人格神，如山神、日神等。以后又进一步被王权者宣扬、利用，而成为真正的宗教形式。

秦朝建立之后，秦始皇幻想江山永固，又想长生不老，永享人间富贵荣华，所以神灵、长生不老药，对他具有强烈的诱惑力。

他不辞跋涉之苦到全国各地巡狩名山大川，访道问仙，登峄山、琅琊山、成山头、芝罘蓬莱等，并封禅泰山，宣示功德。

　　海上仙山，是一个最美好的理想境界，由于方士的渲染，给它涂上了一层虚幻、奇妙和神秘的色彩，为历代人们执着追求。海市蜃楼和蓬莱三仙山，则成为我国传统神话中仙岛、仙域景观的典型代表。

　　秦朝以来，方士盛行，他们迎合秦始皇的迷信心理，极力鼓吹仙山之说，方士徐市，即徐福，他终于凭借三寸不烂之舌，以长生不老药为诱饵，说服了秦始皇。

　　秦始皇派徐福入海寻找仙山神仙，但是泥牛入海无消息，徐福一去不返。而庙岛群岛的奇丽景色，却真有仙山之风貌。复杂的地质构造和地貌形态，孕育了丰富多彩的海边奇景。

　　北宋沈括《梦溪笔谈》对此作了生动描绘："登州海中时有云气，为宫室、台观、城堞人物，车马冠盖，历历可睹，谓之'海市'。"

海市是一种自然现象，是一种幻景。当天气晴朗之时，天上漂浮着白云，海风微微吹拂，风和日丽波浪不惊，朦朦胧胧的海面上，忽然出现群峰耸立，阁楼隐现，有葱郁苍翠的大山，也有道路、小桥、小岛，亦有城市和车水马龙的街道……虚无缥缈，忽隐忽现，刹那间又自然消失，"真神仙所宅也"。

庙岛群岛不仅有海市奇观，其海蚀地貌造成的奇石景观也十分奇特迷人。奇峰怪石或雄浑粗犷，或古朴清幽，或玲珑剔透，有的突兀群聚，有的孑然孤立，有的像宝塔挺拔，有的像宝剑直插云霄，还有的像雄狮，有的像玉女，栩栩如生，八韵各具。

山岳崇拜是自然崇拜中最集中最典型的崇拜之一，远古时期，山不仅是神的象征，也是神仙的居所，还是通天之径。

山岳崇拜伴随着天地崇拜而来，对大山的崇拜最初为在山上祭天，这时还属于自然崇拜范畴。后期则发展为人化自然，增加了浓厚的政治色彩。

远古先民对大山的崇拜，转变为自然神灵崇拜，也就是原始宗教信仰。封禅是泰山赏石文化中独有的现象，它起源于大山崇拜。

泰山自古被视为神山、圣山，成为天的象征和大山崇拜的典型代表，具有至高无上的形象。泰山封禅已成为一种具有象征意义的人文肯定。

由于泰山雄伟高大，雄峙东方，被视为通天拔地与日月同辉，与天地共存。更以其数千年精神文化的渗透及人文景观的烘托，成为中华民族精神的缩影。汉武帝面对泰山，佩服得五体投地，赞道："大矣、特矣、壮矣、赫矣、骇矣，惑矣。"

经过神化的泰山成为古老昌盛的民族象征，也是中华民族精神的体现，是大好河山的代表，是大山崇拜的典型化和具体化。封禅活动也成了一种旷世大典。

从以上不难看出，对泰山崇拜真可谓到了无以复加的地步，这在世界赏石、供石史中也是空前绝后的。

碧霞元君又称泰山玉女，俗称泰山老母、泰山姥姥。按道家之说，男子得仙称真人，女子得仙称元君。

《岱览》记载，秦始皇封泰山时，丞相李斯在岱顶发现了一个女石像，遂称为"泰山姥姥"，并进行了祭奠。

后世宋真宗东封时，因疏浚山顶泉池发现损伤了的石雕少女神像，遂令皇城使刘承珪更换为玉石像，封为"天仙玉女碧霞元君"，泉池则称为玉女池。

不难看出，碧霞元君是源于一个象形石，因怪石酷似女子，便以其形而赋予神女的内涵，并命名为"泰山姥姥"，以后又进一步神化，赋予灵性，进行祭奠。

无字碑是我国最古老的巨型立石，立于岱顶之上。此石为一长方体，下宽上窄，四边稍有抹角，上承以方顶，中突，高6米，宽约1.2米，顶盖石与柱石皆为花岗石，石柱下无榫，直接下侵于自然石穴内，无基座，无装饰，通体无色彩，无文字，粗犷浑厚。

明代张岱《岱志》中说："泰山元气浑厚，绝不以玲珑小巧示人。"无字碑的造型质朴厚重，是泰山精神的象征。同时，以巨大的山石为美，也体现出当时在山石的欣赏上，不是崇尚玲珑剔透，而是以大为美、以壮为美、以阳刚为美的审美观点。它是我国现存最古老的一块巨形立石，也是我国立石的鼻祖。

我国传统园林中的置石，就是源于秦汉的立石形式。就内容而言，由规正石转变为自然石，以观赏为主，突出自然之美。

汉武帝刘彻于公元前110年至前89年，曾先后8次去泰山，也曾在岱顶立石。

传说汉武帝登泰山时带回4块泰山石，置未央宫的四角以辟邪。泰山被认为有保佑国家的神功，因此泰山的石头就被认为有保佑家庭的神灵。

后来泰山石被人格化，姓石名敢当，又称石将军，后来还发展出了雕刻有人像的石敢当。"石敢当"神并无具体形象，只是以石碑、石条刻上"泰山石敢当"5字，立于交通要冲，或于道转角处，或立于道旁或嵌于墙壁，以驱邪镇妖。

自秦代开始，由于皇帝不断巡视天下名山，多次登泰山，封禅，祭天告天，并立石刻石，以记其功德。文人学士也喜欢游山玩水，登高，因而留下了琳琅满目的碑碣、摩崖石刻，成为中华赏石文化的重要组成部分。

石鼓文系唐初在陕西陈仓发现的秦代石刻，称为我国"石刻之祖"，习称石鼓实为石碣，已有2700多年。

秦始皇统一中国后，多次巡视名山，留下众多刻石，除泰山外，还有峄山、琅琊、芝罘、东观等。秦立石、刻石，并由立石刻字演化为碑。这些石刻艺术品是文化珍品，是天然书法展览，极大地丰富了石文化的内容。

秦朝时，随着经济日趋繁荣，造园业得到发展，久居城里因不能享受大自然的景致，便在苑中堆山叠石，再现自然景观。

上林苑为秦旧苑，公元前212年秦始皇营建朝宫于苑中，阿房宫即其前殿。后又扩建，周围达100多千米，有离宫70所。苑中放养许多禽兽，以供皇帝射猎。

当时的富豪的"花园"等，也都是构石为山，高十余丈，有的甚至连绵数里形成山石奇观。

这些点缀的孤赏石和假山，不仅再现了大自然的景观，也使人们崇尚自然的要求得到满足。

拓展阅读

秦汉是封建社会政治稳定、经济发达的时期，也是我国赏石文化由自然崇拜向自然神灵转变的时期，赏石除自然属性外又被赋予一定的社会属性。

同时，由于海市蜃楼的神秘莫测，引起了人们对仙山灵药的追求，致使海上仙山被定为一个理想的仙境，并在园林中可以追求，通过堆山叠石、模拟、浓缩，再现海上仙山的自然奇观，这样也为我国传统自然山水园林奠定了基础。

一池三山的园林构图形式在我国逐步形成，赏石文化也成为园林中一项专门的艺术，形成专门学科，奇石作为艺术品在园林中被广泛应用。

汉代首开供石文化之先河

到了汉代，我国的赏石文化在秦代基础上又得到很大发展。

汉武帝时扩建秦代的宫囿，在长安建章宫内挖太液池，池中作蓬莱三山。自秦汉以来，对海上仙山的追求在我国园林中影响很大，一池三山的布局手法已成为传统园林特色，并历代相沿成习。

随着大量宫苑的修建，大理石这种建筑材料也被世人所认识，大理石主要用于加工成各种形材、板材，作建筑物的墙面、地面、台、柱，还常用于纪念性建筑物如碑、塔、雕像等的材料。

　　大理石还可以雕刻成工艺美术品、灯具、器皿等实用艺术品。但除了建筑之外，大理石又是很好的观赏石。

　　大理石原指产于云南省大理的白色带有黑色花纹的石灰岩，剖面可以形成一幅天然的水墨山水画，古代常选取具有成型的花纹的大理石用来制作画屏或镶嵌画，后来大理石这个名称逐渐发展成称呼一切有各种颜色花纹的，用来做建筑装饰材料的石灰岩，如"灵璧大理石"等。而白色大理石一般称为汉白玉。

　　云石，就是大理当地所产之石。点苍山的云石质地优良，花纹美观绮丽。在白色或淡灰色的底色上，由深灰、灰、褐、淡黄、土黄等色彩自然形成山水画，最佳者竟然如大画家所绘成一样。

　　《万石斋大理石谱》中曾说："此石之纹，色备五彩……尤奇者更能幻出世间无穷景物。令人不可思议。略别之可得六种：（一）山水，（二）仙佛，（三）人物，（四）花卉，（五）鸟兽，（六）鳞介。"可见云石之奇不在雨花石之下。

　　而且云石可大可小，就势取材，选择余地更大。后世徐霞客甚至认为立石纹画之奇"从此丹青一家皆为俗笔，而画苑可废矣。"

观赏用大理石，一般可制成围屏、屏风、插屏、挂屏等，以优质硬木如紫檀、花梨、红木制成相应之框架或插座，嵌石其中，以便于保护及观赏。

一种蛇纹石化大理岩被称为东北绿，是很好的雕刻原料。东北绿底色白，布满密密浅绿色的蛇纹石，磨光后呈现美艳的油脂状的橄榄绿色。纹色佳者亦是观赏佳石。

贵州还有一种叫曲纹玉的乳黄色的大理岩，抛光后可见在淡淡的乳黄底色上，分布着深黄色条纹和晶粒组成的不规则弯曲条纹。

上行下效，一些达官贵人的深宅大院和宫观寺院也都很注意置石造景、寄情物外。如东汉巨富、大将军梁冀的"梁园"中曾大量收罗奇峰怪石。

"汉初三杰"之一留侯张良，在济北谷城山下发现一块黄石，十分珍爱。他生前虔诚供奉它，死后同黄石一同入葬。后人节令祭扫，祭张良，也祭黄石。

张良对黄石的热爱真是到了痴迷的程度。黄石据说是仙人的化身，当初在下邳圯向张良赠送《太公兵书》的老翁，以后变为黄石，这就增加了神奇色彩。

传说当年张良行刺秦始皇失败后，逃匿到下邳，一天，他觉得烦闷，就信步从白门走出来，到城东南一带闲游。他走上小沂水河岸，只见清澈的河水向南流去，于是就坐在桥头上休息片刻。

过了一会儿，张良看见一个老人，从桥西头步履蹒跚地走来。老人走到张良休息的地方，不料一只鞋子落到桥塰下去了。这时，张良听到老人喊他："孩子！下去把鞋子给我拾来！"

张良一听，心里觉得老人无理，就有些不高兴。他慢慢地抬头一看，只见老人须发皆白，张良再仔细观察，暗想老人可能脚步不济，也就不再计较，给老人拾鞋去了。

张良捡回鞋子送给老人，老人却把脚一伸说："给我穿上吧！"

张良一听真火了，刚想把鞋子扔了，哪知老人身子一歪，倒在地上。

张良又有些不忍，忙扶起老人。干脆就帮人帮到底吧，于是他一条腿跪着，把鞋给老人穿上。

还没等张良起来，老人却转身走了。张良见这个古怪老头前前后后如此无理，心中倒纳闷起来：他从哪儿来？又到哪儿去？我倒要看个究竟，于是他随着老人走了一段路。

老人见张良跟来了，便停下来说："看来，你这孩子还是可以教育的，5天以后，在这里再见面。"

张良顿时觉得这个老人不

是一般的凡夫俗子，立即向前施礼道："谨遵教诲。"

说罢，二人分手，老人继续西行。张良回下邳去了。

5天后，张良到了原来与老人相会的地方，不料老人早已到了。

老人生气道："跟长辈相约，你却失约。再等5天来吧！"

又过了5天，张良听到雄鸡刚叫就起身了，想不到老人又在那里等着他了。老人叫张良再过5天再来。

张良好容易又等了5天，还没到半夜，就赶到那里。一会儿，老人也来了，背后还背着一捆书简。

张良忙上前把书简接了下来，老人嘱咐张良道："熟读这些书，就可以做帝王之师。13年后，到济北谷城山找我，山下有块黄石，那就是我。"

老人把书简交给张良就走了。　　张良拜别老人，回到下邳，把书简打开一看，见语多名贵，便精心熟读。后来他辅助刘邦，兴汉灭楚，运筹帷幄，决战千里，多得力于这部书。

13年后，张良随从汉高帝到济北，果然见谷城山脚下有一块黄石。据说，张良死后，就用这块黄石与老人给他的那部书来殉葬。

据《史记·留侯世家》记述：

子房始所见下邳圯上父老与《太公兵书》者，后十三年从高帝过济北，果见谷城山下黄石，取而葆祠之，留侯死，并葬黄石冢，每上冢伏蜡，祠黄石。

公元前2世纪，西汉张骞去西域，探明了亚洲内陆交通，沟通了东西方文化和经济联系，开辟了丝绸之路，并从西域带来玉石、石榴等特产。

相传张骞在天河畔发现一怪石，便拣了回来，让东方朔欣赏。东方朔十分聪慧，幽默的对张骞说，这不是天上织女的支机石吗？怎么会被你拣到？

这块"支机石"高2米多，宽约0.8米，头小底大，状似梭子，传说就是牛郎织女用来支承织布机的基石。

将怪石视为天上仙女之物，那自然也是具有灵性的神石了。支机石由此身价倍增，成为珍品。

《蜀中广记》则用一个传说对此做了解释：

张骞出使西域大夏时，乘木筏经过一条能通海天的大河流，无意间到达一宫殿，看见一女子在织锦，她的丈夫牵着牛饮水，就问他们："请问这里是什么地方？"

那女子说："这里不是人间，你是怎么来的？"

张骞说了来的经过，并一再追问此地情况，那女子没有直接回答，只是指着身边一块大石说，你把它带回成都，交给一个叫严君平的人，他就会告诉你详情的。

后来张骞果然回到成都并找到了严君平，得知严君平是西汉著名星相家，将事情经过告诉严君平。

严君平听了后非常惊讶，他告诉张骞："这块石头名叫支机石，是天上织女用来支承织布机的。"

接着恍然大悟地说："怪不得八月份那天我观星相时，发现一个客星做客牛郎织女星座，原来就是你乘槎到了日月之旁！"

两人都觉非常诧异。这块支机石就一直放在成都，那条街道以后就叫

"支机石街"。成都的"君平街"相传就是当年严君平的住地。

张良供奉的黄石和张骞带回的支机石，开我国供石之先河。这就说明，到了汉代，我国赏石文化已进入了发展时期。

拓展阅读

张骞的支机石传说只能当神话来看，但是这块不平凡的石头究竟是怎么来的，考古学家也没有得出结论。

有的人认为是天上掉下的陨石；还有的人判断是古蜀国一个卿相的墓志石。

后来在该处建了公园，供游人观赏。牛郎织女的故事颇为世人所羡慕，该处遂成为青年男女相会和定情之处。

昌盛发展的隋唐赏石文化

　　隋唐时期是我国历史上继秦汉之后又一社会经济文化比较繁荣昌盛的时期，也是我国赏石文化艺术昌盛发展的时期。

　　隋朝虽只有短短的37年，但在赏石方面也丝毫没有停步。炀帝杨广沿运河三下江南，收寻民间的奇石异木。

　　隋唐时期是赏石艺术，开始有意识地在园林中融揉诗情画意。观赏石已被广泛应用，假山、置石造景在造园实践中得到很大发展。

　　当时，众多的文人墨客积极参与搜求、赏玩天然奇石，除以形体较大而奇特者用于造园，点缀之外，又将"小而奇巧者"作为案头清供，复以诗记之，以文颂之，从而使天然奇石的欣赏更具有浓厚的人文色彩。

唐朝的赏石文化非常普遍，唐朝前期，由于太宗李世民、女皇武则天、玄宗李隆基等人的文韬武略，从中更展现出一派大唐盛世的景象。639年，唐太宗李世民寿诞，得到桂州刺史送给他一块"瑞石"作为寿礼，此石有奇文"圣主大吉，子孙五千岁"字样，唐太宗见了此石，非常高兴，向大臣李靖称赞桂林的奇石说：

碧桂之林，苍梧之野，大舜隐真之地，达人遁责之乡，观此瑞文，如符所兆也，公可亦巡乎？

事后，唐太宗派李靖到桂林，授李靖为岭南抚尉使、检校桂州总管。李靖到桂林后，在桂林七星岩普陀山，找到出"瑞石"的地方，并上奏朝廷，李世民敕命建庆林观，并御书"庆林观"匾额。后来庆林观发展为我国南方名刹之一。

唐太宗时大画家阎立本所作《职贡图》中，几名番人将几方修长玲珑的奇石或掮或捧，这是异域贡石的图景。此外，唐章怀太子墓壁画中，也有宫女手捧树石盆景的画面。

唐人嗜石成癖，有的甚至倾家之产网罗奇石。据《李商隐集》载，荥阳望族郑瑶外任象江太守3年，所得官俸60万钱全部用于收购象江奇石，"及还长安，无家居，妇儿寄止人舍下"。

一代女皇武则天即位后迁都洛阳，中宗李显复辟迁回长安，至此大唐两都制贯穿全唐。武则天不仅精于权术，也十分喜欢观赏石艺术，在洛水得一瑞石，刻有"圣母临人，永昌帝业"8个字，封号为"宝图"，并虔诚地供于殿堂之上。

当时，园林是在城市"中隐"的憩所，文人士大夫甚至亲自参与园林规划设计。在这种社会风尚影响下，士人私家园林兴盛起来。

据史载："唐贞观开元之间，公卿贵戚开馆列第东都者，号千有余所。"中晚唐东都造园更是难以数计。造园模拟山水，所需奇石甚巨，加以文人吟咏其间，赏石文化空前繁荣起来。

唐朝首都长安的街区称"坊"，东都洛阳的街区称"里"。唐太平公主园林"山池院"在长安兴道坊宅畔。诗人宋之问《太平公主山池赋》，对园中叠石为山的形态以及山水配景，都有细致描写：

其为状也，攒怪石而嵌崟。其为异也，含清气而萧瑟。列海岸而争耸，分水亭而对出。其东则峰崖刻画，洞穴萦回。乍若风飘雨洒兮移郁岛，又似波浪息兮见蓬莱。图万里于积石，匿千岭于天台。

这是长安皇族园林的奢华，奇石叠山的规模如此宏大。

东都洛阳有伊、洛二水穿城而过，曾先后在唐文宗李昂、武宗李炎手下担任过宰相的牛僧孺和李德裕，都是当时颇有影响的文人墨客和藏石家。

终为"东都留守"的宰相牛僧孺，于东城引来活水为滩景，建造了"归仁里"宅园。诗人白居易《题牛相公归仁里新宅成小滩》诗：

> 平生见流水，见此转流连；
> 况比朱门内，君家新引泉。
> 伊流决一带，洛石砌千拳；
> 与君三伏月，满耳作潺湲。

白居易评说"归仁里"宅园："嘉木怪石，置之阶廷，馆宇清华，竹木幽邃。"牛僧孺的园林，体现出文人崇尚的清幽风格。

牛僧孺经常与白居易、刘禹锡往来唱和。恰逢部属从苏州送来太湖石，奇状绝伦。牛僧孺有诗赞道：

胚浑何时结，嵌空此日成。

掀蹲龙虎斗，挟怪鬼神惊。

带雨新水静，轻敲碎玉鸣。

池塘初展见，金玉自凡轻。

侧眩魂犹悚，周观意渐平。

似逢三益友，如对十年兄。

奇石形态美、韵如玉，众人争睹，声名远播。

唐代赏石品种主要是太湖石。牛僧孺因藏石曾说道："石有族聚，太湖为甲。"

时人评说："唐牛奇章嗜石，石分四品，居甲乙者具太湖石也。"唐代所赏的太湖石，大都指洞庭山附近太湖中生成的水生石。此外，灵璧石、昆石、罗浮石、泰山石、石笋石等观赏石种，常见有赏咏记载，却都不是唐代赏石的主要品种。

我国古典赏石审美中的"瘦"、"皱"、"怪"、"丑"等说法，在这里已经齐备。

唐代赏石除山形外，动物、人物、规整、抽象等形态的奇石也经常出现，展现出唐代赏石文化的丰富多彩。

"君子比德于玉"是我国人格取向的标榜。李德裕《题奇石》："蕴玉抱清辉，闲庭日潇洒。"白居易《太湖石》："轻敲碎玉鸣"都是以玉比石，喻君子品德。

文人还经常以石直接比喻高尚的人格。李德裕在《海上石笋》中提到："忽逢海峤石，稍慰平生意。何以慰我心，亭亭孤且直。"

诵读以石喻德诗文，从中能够感到凛然正气、君子高德、文人风骨，依然是六朝遗风的延续。

拓展阅读

隋唐文人学士十分活跃，名山成为文人游赏和宗教活动场所，游览之中"触景生情，借题发挥"，记为诗文以激千古，从而促进了诗歌、音乐、绘画、园林、山石的发展，也涌现出李白、白居易、柳宗元等一批著名诗人、文学家和赏石者。

白居易不仅有许多的赏石诗文，他还曾记述了好友牛僧孺因"嗜石"而"争奇聘怪"，以及"奇章公"家太湖石多不胜数而牛氏对石则"待之如宾友，亲之如贤哲，重之如宝玉，爱之如儿孙"的情形，接着称赞了牛僧孺藏石常具"三山五岳、百洞千整……尽缩其中；百仞一拳，千里一瞬，坐而得之"的妙趣。

在白居易眼里，牛僧孺实为唐代第一藏石、赏石大家。

宋元明清

宋朝赏石文化达到鼎盛时期，文人雅士将观赏石以谱的形式记录下来，使得今人深入了解观赏石文化。

元代赏石在民间发展，陈列于文房，具备峰峦沟壑的小型石最受欢迎。

明代精致小巧的理念，深刻地影响到造园选石与文房赏石，成为士人赏石的经典传承。

进入清代，人们逐渐摆脱了山石自然崇拜的束缚，开始与自然科学研究结合起来。

清新精致的宋代赏石文化

960年，宋太祖赵匡胤建立北宋，建都开封，改名东京。由于宋朝一直是文官掌重权，这是文化大繁荣的重要因素，因此在中华民族数千年文化史中，两宋尤为突出，中唐至北宋，也是我国文化的重要转折点。

这种文化至宋徽宗赵佶时达到顶峰，文风更加清新、精致、小巧、空灵、婉约。影响到诗歌、绘画、园林等各个方面，赏石文化自然也在其中。

宋徽宗赵佶是我国历代帝

王中最大的赏石大家，他主持建造的"艮岳"，是古今最具规模的奇石集大成者。

帝王对奇石造园的重视，使"艮岳"成为当时规模最大、水平最高的石园，对宋代以及后世的赏石和园林艺术的发展，都有很大的启发和影响。

寿山艮岳是我国山水园林中运用假山的最典型例子之一。假山仿造自然界景观，以土为主、以石为辅相堆而成。

首先堆筑假山主体，主峰高达150米，成为全园制高点，山分东西两岭，引景龙江水注流山水其间，水声潺潺，如歌如诉。

山上建介亭以纵观全园景色，沿湖、河、山峦运用以太湖石为主的自然山石进行堆叠，山的南坡以叠石为主，形成独特自然山石景观。其中更有亭台楼阁、小桥曲径、奇石异木、珍禽瑞兽，集我国古典园林于天成。

同时，巧妙利用山石叠成瀑布，"得紫石滑净如削，面径数仞，因而为山，贴山卓立。山阴置木柜，绝顶开深池。车驾临幸，则驱水工登其顶，开闸注水而为瀑布，曰紫石壁，又名瀑布屏。"不但有峭壁假山，还形成瀑布景观，具有很高的叠石艺术水平。

而且，还在寿山艮岳内大兴土木，搜集天下名花奇石，仿造自然山水，以达"放怀适情，游下赏玩"之需求。为此还下令设"应奉局"于平江，凡被选中的奇峰怪石、名花异卉，不惜工本精心搬运，"皆越海、渡江、凿城郭而至"。

运奇石的船，曾以10船成一"纲"，这就是历史上有名的"花石纲"。

艮岳最大的一块太湖石，高约16.7米，玲珑剔透，徽宗极爱，加封"盘固侯"，赐金带。另外一些次之的太湖石，分列其两旁，如同群臣恭候君主。徽宗依次为它们起名、刻字。

宋徽宗为石题名十分注重其内涵，尤其突出诗情画意，如题"灵璧小峰"、"山高月小"、"水落石出"等。

"艮岳"历时6年才得以完成。赵佶以帝王之尊和深厚的艺术根基，投注于赏石艺术之中，对宋及以后我国赏石和园林艺术的发展推动甚巨。

在皇帝的带动下，私人园林纷纷出现。同时，文人园林更如雨后春笋般相继建成。私家园林引水凿池，堆石掇山，对赏石文化具有很大的推动作用。

两宋承袭了南唐文化，文房清玩成为文人珍藏必备之物，鉴赏之风臻于极盛，苏轼、米芾等文人均精于此道，发展成专门学问。

　　与此同时，我国汉唐以来席地而坐的习俗，逐渐被垂足而坐所代替，两宋几、架、桌、案升高而制式成形。这些都为赏石登堂入室创造条件。

　　这一时期，不仅出现了如米芾、苏轼等赏石大家，司马光、欧阳修、王安石、苏舜钦等文坛、政界名流都成了当时颇有影响的收藏、品评、欣赏奇石的积极参与者。

　　苏轼是北宋文坛的一代宗师，兼有唐人之豪放、宋人之睿智，展现出幽默诙谐的个性、洒脱飘逸的风节、笑对人世沧桑的旷达，是我国士人的极致。

　　苏轼阅石无数、藏石甚丰，留下众多赏石抒怀的诗文，对宋代以及后世赏石文化的发展启示良多。

　　1080年，苏轼到达黄州。1081年春，经友人四处奔走，终于批给苏轼一块废弃的营地。于是他带领全家早出晚归开荒种田，吃饭总算有了着落。

　　苏轼这块荒地在黄州东门之外，于是将其取名"东坡"，自号"东坡居士"。第二年，苏轼在东坡这块地方修筑了一座5房的农舍，因正值春雪，遂取名"雪堂"。

　　黄州城西北长江之畔，有座红褐色石崖，称为赤壁。赤壁之下多细巧卵石，有红黄白等各种颜色，湿润如玉，石上纹理如人指螺纹，精明可爱。

苏轼《怪石供》中说："齐安小儿浴于江，时有得之者。戏以饼饵易之，即久，得二百九十有八枚，大者兼寸，小者如枣、栗、菱、芡。其一如虎豹，首有口鼻眼处，以为群石之长。又得古铜盆一枚，以盛石，挹水注之璨然。"

正好庐山归宗寺佛印禅师派人来问候，苏轼就将这些怪石送给了佛印禅师。但随后他又搜集了250方怪石。诗僧参廖是"雪堂"的常客。谈及怪石一事，苏轼笑道："你是不是也想得到我的怪石啊？"

于是苏轼将剩余的怪石分为两份赠与参廖一份，也就有了《后怪石供》美文。

不离不弃的好友、赤壁的绝古，还有那美丽的石头，都给予苦难中的苏轼莫大的慰藉。

1082年，米芾赴黄州雪堂拜谒苏轼，米芾在《画史》中详细记叙了这次会面的情景："子瞻作枯木，枝干虬曲无端，石皴硬亦怪怪奇奇无端，如其胸中盘郁也。"

苏轼的《古木怪石图》是极为珍贵的北宋赏石形象资料，其中蕴藏着多种内涵。

苏轼曾言："石文而丑"，怪丑之石有其独特的赏石审美取向，《古木怪石图》引领文人独特的审美情趣。

46岁的苏轼遭诬陷贬到了黄州，那已是第三个年头了，借"怪怪奇奇"之石抒"胸中盘郁"，以石抒怀是苏轼经常用来解闷的好方法。

《怪石供》中多有赏石心得："凡物之丑好，生于相形，吾未知其果安在也。使世间石皆若此，则今之凡石复为怪。"

美丑怪奇之石皆有其形。色，红黄白色丰富多彩。质，与玉无辨晶莹剔透。纹，如指纹多变精明可爱。以古盆挹水养石，以净水注石为佛供，清净与佛理相通，应为苏东坡首创。

1084年，苏轼离黄州北上，1085年正月来到宿州灵璧。6年前，苏轼在这里写下《灵璧张氏园亭记》，故地重游不胜唏嘘。

园中有一块奇美之石号为"小蓬莱"，苏轼喜爱有加，有感而发："古之君子，不必仕，不必不仕。必仕则忘其身，必不仕则忘其君。……使其子孙开门而出仕，则跬步市朝之上，闭门而归隐，则俯仰山林之下。予以养生活性，行义求志，无适而不可。"

他想起唐代李德裕平泉山庄里的醉醒石，于是题文："东坡居士醉中观此，洒然而醒。"这块风韵雅逸的奇石后来被皇家收藏。

1092年苏轼知扬州，得两美石，作《双石》并序："至扬州获二石，其一绿色，有穴达于背；忽忆在颍州日，梦人请住一官府，榜曰"仇池"，觉而诵杜子美诗曰：'万古仇池穴，潜通小有天'。"

仇池，山名，在甘肃成县西汉水北岸。一名瞿堆，山有平地百顷，又名百顷山。其上有池，故名仇池。山形如复壶，四面陡绝，山上可引泉灌田，煮土为盐。

因为仇池地处偏远，历来典籍都将它描写成人间福地，据说那里有99泉，万山环绕，可以避世隐居，如同陶渊明的桃花源。

苏轼神游千里，眼前的绿石已化为"仇池"，"一点空明是何处，老人真欲住仇池。""仇池石"寄托了苏轼对世外桃源的向往。

1093年，苏轼知定州，得"雪浪石"，这块"雪浪石"高76厘米，宽80厘米，底围196厘米，全石晶莹黑亮，黑中显缕缕白浪，仿佛浪涌雪沫，颇具动感。于是苏东坡以大盆盛之欣赏，并将其居室名为"雪浪斋"。

苏轼曾做《雪浪斋铭》并引："予于中山后圃得黑石，白脉，如蜀孙立、孙知所画石间奔浪，尽水之变。名其室曰'雪浪斋'云。"

诗道：

尽水之变蜀两孙，与不传者归九原。
异哉驳石雪浪翻，石中乃有此理存。

苏东坡还为此作有《雪浪石》诗：

画师争摹雪浪势，天工不见雷斧痕。

离堆四面绕江水，坐无蜀士谁与论？

老翁儿戏做飞雨，把酒坐看珠跳盆。

此身自幻孰非梦，故园山水聊心存。

雪浪石使苏轼深感天工造化，也勾起诗人思乡情结，唤起诗人归隐故里、纵情山水的情愫。

苏轼45年宦海沉浮，几与祸患相始终，却始终展现出洒脱飘逸的风节，笑对人世沧桑的旷达。

苏轼被世人誉为苏海，虽然不能掌控自己的命运，他却能徜徉书海，纵情山水，憧憬在自创的桃花源境界"仇池石"中。

宋代赏石大、中、小型具备。小型赏石不但脱离了山林，也脱离了园林，成为独立的欣赏对象。小形赏石已经有了底座，可以置于几架之上，欣赏情趣也有了很大变化。

苏轼《文登蓬莱阁下》说："我持此石归，袖中有东海。"袖中可以藏石，其小可知。

宋代赏石品种主要是太湖、灵璧和英石，其他石种不占重要地位。宋代的石屏也是赏石的一种，择其平面纹理有若自然山水画境，以木镶边制座而成，用材多为大理石。石屏小而置于几案之上、笔研之间，称为研屏。

宋代赏石文化的最大特点是出现了许多赏石专著，如杜绾的《云林石谱》、范成大的《太湖石志》、常懋的《宣和石谱》、渔阳公的《渔阳石谱》等。

杜绾的《云林石谱》，是我国最早、最全、最有价值的石谱，其中涉及各种名石116种,并各具生产之地、采取之法,又详其形状、色泽而品评优劣,对各种石头的形、质、色、音、硬度等方面,都有详细的表述。这部奇石学巨著,是宋人对我国赏石文化的贡献,对后世影响巨大而深远。

杜绾字季阳,号云林居士,出生于世家,祖父杜衍北宋庆历年间为相,封祁国公,父亲也为朝中重臣,姑父是著名文学家苏舜钦。

由于家学渊源,杜绾自幼博览群书,游历山川,对奇石瑰宝尤为

喜爱。将收集的奇石,按品位、产地、润燥、质地等各项分类编辑,成为足以传世的《云林石谱》。

《云林石谱》分上、中、下3卷,《灵璧石》列于上卷首篇:"宿州灵璧县,地名磬石山。石产土中,采取岁久。穴深数丈,其质为赤泥渍满。……扣之,铿然有声。"

磬石山距灵璧县渔沟镇东2千米,海拔114米。磬石山南侧尚存摩崖石刻,不同造型佛像100多座,雕刻在长16米,宽2米的巨石上,为1056年所作。

磬石山北坡下,百米宽千米长的平畴地带,即是灵璧磬石的产地。

宋王明清《挥尘录》记载:"政和年间建艮岳。奇花异石来自东南,不可名状。灵璧贡一巨石,高二十余尺。"

宋《宣和别记》也记载："大内有灵璧石一座，长二尺许，色清润，声亦泠然，背有黄金文，皆镌刻填金。字云：宣和元年三月朔日御制。"

《西湖游览志余》又记载："杭省广济库出售官物，有灵璧小峰，长仅六寸，玲珑秀润，卧沙、水道、裙折、胡桃文皆具。徽宗御题八小字于石背曰：山高月小，水落石出。"

1113年，杜绾升苏州为平江府，洞庭在其辖区内。自唐以来，历代都将太湖石视为造园、赏玩的珍品。

《云林石谱·太湖石》："平江府太湖石产洞庭水中，性坚而润，有嵌空穿眼宛转嶮怪势。一种白色，一种色青而黑，一种微青。其质纹理纵横，笼络隐起，于石面遍多坳坎，盖因风浪冲激而成，谓之'弹子窝'。扣之微有声。"

以上大、中、小三磬石，皆为宋徽宗"花石纲"贡石。

而《昆山石》中则说："平江府昆山县石产土中。多为赤土，积渍，即出土，倍费挑剔洗涤。其质磊魂，巉岩透空，无耸拔峰峦势，扣之无声。"昆石产于江苏昆山市马鞍山，自古以来为四大名石之一，甚为名贵。

《云林石谱》中涉及石种范围广达当时的82个州、府、军、县和地区。其中有景观石、把玩石、砚石、印石、化石、宝玉石、雕刻石等众多门类。对各种石头的形、质、色、纹、音、硬度等方面，都有详细的表述。

"形"，主要以古人瘦、漏、透、皱的赏石理念，对奇石评判。

"质"，杜绾将石质分为粗糙、颇粗、微粗、稍粗、光润、清润、温润、坚润、稍润、细润等级别。

"色"，有白、青、灰、黑、紫、褐、黄、绿、碧、红等单色。还列出了过渡色、深浅色和多色的石头。

"纹"，列出核桃纹、刷丝纹、横纹、圈纹、山形纹、图案纹、松脉纹等奇石品种。

"音"，杜绾常敲击石头，得到无声、有声、微有声、声清越、铿然有声等不同效果。

"硬度"，杜绾对石头硬度的描述有，甚软、稍软、不甚坚、颇坚、甚坚、不容斧凿等级别。

可以看出，杜绾不但是奇石专家，还是矿物岩石学家。清代《四库全书》入选的论石著作，只有《云林石谱》。《四库提要》说：此书"即益于承前，更泽于启后。"

诗人范成大也非常喜爱英石、灵璧石和太湖石，并题"大柱峰"、"峨眉石"等。如峨眉石联："三峨参差大，峨高奔崖侧，势倚半霄；龙盘虎卧起，且伏旁睨沫，水沱江朝。"

以文同、米芾、苏东坡等人为代表的文人画派，提倡天人合一，主张审美者应深入山水之中，"栖丘饮谷"，对山石吟诗作画，以领略自然山水之内在美，体验大自然之真谛。

南宋平远景致，简练的画面偏于一角，留出大片空白，使人在那水天辽阔的空虚中，发无限幽思之想。哲理文化的交融与内敛，却使赏石文化的意境更加旷远，给后世赏石以更多滋养。

拓展阅读

在蒲松龄《聊斋志异》的《大力将军》篇和金庸的《鹿鼎记》中都写到了，浙江名士查伊璜和当时的广东提督吴六一的一段交往。吴将军早年贫寒，得查资助得以投军。后来吴欲厚报，查不受。在广东吴将军府花园内，查看到了这块奇石，十分赞赏，题名为"绉云峰"。

查回乡后，吴令人将此石运至海宁查家，"涉江越岭，费逾千缗"。此石一到浙江，立即为浓厚的文化氛围笼罩，文人们为之赋诗作词，画家为之描摹，金石家为之铭石，朴学大师俞樾的一篇《护石记》更是写尽了传统文化中的"石情"、"石缘"。

如今300年过去了，绉云峰已不能再吸引文化人关注的目光。俞樾的重孙俞平伯因善读《石头记》成为红学大师，但物转星移，此石已非彼石。

至于查伊璜的后代查良镛，则以"金庸"为笔名，在更新的文化空间里长袖善舞。只有绉云峰，还是一块石头，静静地站在西湖边，展示着大自然的鬼斧神工和它最原始的魅力。

疏简清远的元代赏石文化

1161年，金世宗定都大都，即今北京，开始修建大宁宫，役使兵丁百姓拆汴梁"艮岳"奇石运往大都，安置于大宁宫。

元定都大都后，还在广寒殿后建万岁山。从万岁山赏石可以看出，元代皇家园林，是在金人取艮岳石有所增添而成。

元代大学士张养浩官拜礼部尚书等职，他在济南建造"云庄"。园内有云锦池、稻香村、挂月峰、待凤石以及绰然、乐全、九皋、半仙诸亭。

张养浩热爱自然山川，厌弃官场生活，作诗说："五斗折腰惭为县，一生开口爱谈山。"据《历城县志》记述："公置奇石十，每欲呼为石友。"其中4块尤为珍惜，命名为"龙"、"凤"、"龟"、"麟"，4块灵石均为太湖石。

元代修琼华岛，自寿山艮岳运石。张养浩收藏了部分精品置于云庄，4块名石饱经沧桑，唯有"龟"石幸免于难。龟石亭亭玉立，卓越多姿，又称为瑞石。

龟石挺拔露骨，筋络明显，姿态优美，纹理自然，玲珑剔透，其高4米，重8吨，具有"皱、瘦、透、秀"的特点，被誉为"济南第一名石"。

1342年，元代僧人维则叠石，成为后来的苏州狮子林。《画禅寺碑记》："邯城东狮子林古刹，元高僧所建。则性嗜奇，蓄湖石多作狻猊状，寺有卧云室，立雪堂。前列奇峰怪石，突兀嵌空，俯仰多变。"

狮子林盘环曲折，错落多变，叠石自成一格。园内假山遍布，长廊环绕，楼台隐现，曲径通幽，有迷阵一般的感觉。

长廊的墙壁中嵌有宋代四大名家苏轼、米芾、黄庭坚、蔡襄的书法碑及南宋文天祥《梅花诗》的碑刻作品。

狮子林既有苏州古典园林亭、台、楼、阁、厅、堂、轩、廊之人文景观，更以湖山奇石，洞壑深邃而盛名于世，素有"假山王国"之美誉。

狮子林原为菩提正宗寺的后花园，1341年，高僧天如禅师来到苏州讲经，受到弟子们拥戴。第二年，弟子们买地置屋为天如禅师建禅林。

园始建于1342年，由天如禅师维则的弟子为奉其师所造，初名

"狮子林寺"，后易名"普提正宗寺"、"圣恩寺"。

因园内"林有竹万，竹下多怪石，状如狻猊者"，狻猊即狮子。又因天如禅师维则得法于浙江天目山狮子岩普应国师中峰，为纪念佛徒衣钵、师承关系，取佛经中狮子座之意，故名"师子林"、"狮子林"。亦因佛书上有"狮子吼"一语，指禅师传授经文，且众多假山酷似狮形而命名。

狮子林假山群峰起伏，气势雄浑，奇峰怪石，玲珑剔透。假山群共有九条路线，21个洞口。横向极尽迂回曲折，竖向力求回环起伏。游人穿洞，左右盘旋，时而登峰巅，时而沉落谷底，仰观满目叠嶂，俯视四面坡差，如入深山峻岭。

狮子林的假山，通过模拟与佛教故事有关的人体、狮形、兽像等，喻佛理于其中，以达到渲染佛教气氛之目的。但是它的山洞做法也不完全是以自然山洞为蓝本，而是采用迷宫式做法，通过蜿蜒曲折，错综复杂的洞穴相连，以增加游趣，所以其山用"情"、"趣"两字概括更宜。

园东部叠山以"趣"为胜，全部用湖石堆砌，并以佛经狮子座为拟态造型，进行夸张，构成石峰林立，出入奇巧的"假山王国"。

崖壑曲折，峰回路转，游人行至其间，如入迷宫，妙趣横生。山顶石峰有"含晖"、"吐丹"、"玉立"、"昂霄"、"狮子"诸峰，各具神态，千奇百怪，令人联想翩翩。山上古柏、古松枝干苍劲，更添山林野趣。

此假山西侧设狭长水涧，将山体分成两部分。跨涧而造修竹阁，阁处模仿天然石壁溶洞形状，把假山连成一体，手法别具匠心。

园林西部和南部山体则有瀑布、旱涧道、石磴道等，与建筑、墙体和水面自然结合，配以广玉兰、银杏、香樟和竹子等植物，构成一幅天然图画，使游人在游览园林，欣赏景色的同时，领悟"要适林中趣，应存物外情"的禅理。

元代我国经济、文化的发展均处低潮，赏石雅事当然也不例外。造成元代在盆景观石赏玩上日趋小型化，出现了许多小盆景，称"些子景"。大书画家赵孟頫是当时赏石名家之一，曾与道士张秋泉真人交往过密，对张所藏"小岱砚山"一石十分倾倒。面对"千岩万壑来几上，中有绝涧横天河"的一拳奇石，他感叹：

人间奇物不易得，
一见大呼争摩挲。
米公平生好奇者，

大书深刻无差讹。

张道士所藏"小岱岳"，小巧玲珑、气势雄伟、峰峦起伏、沟壑纵横，天然生成并无雕琢。赵孟頫一见惊呼奇物，爱不释手。

赵孟頫，字子昂，是元代最杰出的书画家和文学家，本是宋太祖赵匡胤之子秦王赵德芳的第十二世孙。按理说，赵孟頫既为大宋皇家后裔，又为南宋遗臣，且为大家士子，本应隐遁世外，却被元世祖搜访遗逸，终拜翰林学士承旨。其心中矛盾之撞激，可以想见。赵孟頫专注诗赋文词，尤以书画盛名享誉，亦赏石寄情，影响颇为深远。

明林有麟《素园石谱》记载，赵孟頫藏有"太秀华"山形石："赵子昂有峰一株，顶足背面苍鳞隐隐，浑然天成，无微窦可隙。植立几案间，殆与顾顾君子相对，殊可玩也，因为之铭。"

并有诗道：

片石何状，天然自若。
鳞鳞苍窝，背潜蛟鳄。
一气浑沦，略无岩壑。
太湖凝精，示我以朴。
我思古人，真风渺邈。

从以上记载可以得知，赵孟頫所藏为太湖景观峰石，置于几案之间，有君子风骨，让人生思古之情。

《素园石谱》还绘有"苍剑石"图谱，有"钻云螭虎，子昂珍藏"刻字。赵孟頫同时代道士张雨记载："子昂得灵璧石笔格，状如钻云螭虎。"螭虎是无脚之龙。赵孟頫灵璧石笔格，有穿云腾雾之状，气势非凡。

清代举子、青田印学家韩锡胙在《滑凝集》中记载："赵子昂始取吾乡灯光石作印，至明代而石印盛行。"我国古来治印，或以金属铸造，或以硬质材料琢磨。所谓文人治印，以软质美石为纸，以刀为笔，尽显文人笔意情趣。

文人治印，初选青田灯光冻石，始于元代赵孟頫、王冕，至明代文彭而兴盛。文房印石兴起，赵孟頫功不可没。

青田石主要产于我国浙江省青田县内，其历史可以上溯到1700多年前，六朝时墓葬中曾发现青田石雕小猪4只，在浙江新昌南齐墓中，也发现了永明元年的青田石雕小猪两只。

后来，青田石成为我国传统的"四大印章石之一"。在我国一并与巴林石、寿山石和昌化石被称为"中国四大名石"。

青田石名品有灯光冻、鱼脑冻、酱油冻、风门青、不景冻、薄荷冻、田墨、田白等。

青田奇石最大特点是一块石头有多种颜色，甚至多达十几种颜色，天然色彩十分丰富。

细青田奇石具有"六相"：纯，是指石质分子结构细密，具有温润之感；净，指无杂质，具有清静之感；正，指不邪气，具有正雅之感；鲜，指光泽鲜艳，具有恒丽之感；透，指照透明，具有冰质之感；灵，指有生命，气脉内蕴，光彩四射之感。

青田石以"封门"为上品，微透明而谈青略带黄者称封门青，原称"风门青"，因其产于风门山而得名。

由于封门青脉细且扭盘曲折，游延于岩石之中，量之奇少，色之高雅，质之温润，性之"中庸"，是所有印石中最宜受刀之石，大为篆刻家所青睐。

另外，晶莹如玉，照之璨如灯辉，半透明者称灯光冻，石色微黄，有一定油润感，由于生成好，因此"结"字方面很好。

而色如幽兰、明润纯净、通灵微透者，则被称为兰花青。

鸡血、田青以色浓质艳见长，象征富贵；封门青则以清新见长，象征隐逸淡泊，因此，前者可说是"物"的，而后者则是"灵"的，封门青被称为"石中之君子"，十分贴切。

青田石等印石，也更促进了元代书画印钤的发展，如元代倪瓒，号云林子，出身江南富豪。筑有"云林堂"、"清閟阁"，收藏图书文玩，并为吟诗作画之所。擅画山水、竹石、枯木等，画法疏简，格调幽淡，与黄公望、吴镇、王蒙合称"元四家"。

元代佚名有《画倪瓒像张雨题》，画面右角方几所置文房器物中，有横排小山一座，主峰有左右两小峰相配，峰前尚有小峰衬托出层次。

倪瓒曾参与狮子林的规划，以其写意山水和园林经营的理念，将奇石叠山造景方法融于园林之中，世人多有仿效而蔚然成风。

他还为该名园作《狮子林图卷》。后人于狮子林题楹联："云林画本旧无双，吴会名园此第一。"

元人画理中，最具声名的为倪瓒《论画》，云林绘画，不同于以形写神的"神"，而是不求形似的"逸"。古意、士风、逸气，是元人画理的发展，画石、赏石，亦同此理。

晚明文震亨《长物志》在论及大朴倪瓒时说："云林清秘，高梧古石中，仅一几一榻，令人想见其风致，真令神骨俱泠。"这是元代高士的生活写照，也是元代隐士的赏石法理。

元代魏初《湖山石铭》序说："峰峦洞壑之秀，人知萃于千万仞之高，而不知拳石突兀，呈露天巧，亦自结混茫而轶埃氛者，君子不敢以大小论也。"

石有君子之德，何以大小论之？

元代砚山兴盛，最为文人赏石推崇。《素园石谱》记林有麟藏"玉恩堂砚山"："余上祖直斋公宝爱一石，作八分书，镌之座底，题云：此石出自句曲外史。高可径寸，广不盈握。以其峰峦起伏，岩壑晦明，东山之麓，白云暧靆，浑沦无凿，凝结是天，有君子含德之容。当留几席谓之介友云。"林有麟题有诗句：

奇云润壁，是石非石。
蓄自我祖，宝滋世泽。

以上论及的林有麟先祖、张雨、赵孟頫、倪瓒都珍藏砚山，元代文人置砚山于文房也蔚然成风。

根据考证，在形象资料中，元代时，赏石底座已经得到普遍应用。如山西芮城县永乐宫三清殿，元代《白玉龟台九灵太真金母元君像》，元君手托平口沿方盘中，置小型峰石。

在其他资料中，不仅有须弥座，还有圆盆、葵口束腰莲瓣盆底座，而且有上圆盆下方台式复合底座。

宋代的赏石底座主要以盆式为主，一盆可以多用。元代赏石底座与石已有咬合，赏石专属底座产生于元代。

"孤根立雪依琴荐，小朵生云润笔床"，这是元朝诗人张雨在《得昆山石》诗中对昆石的赞美。

昆石，因产于江苏昆山而得名，昆石看来是以雪白晶莹，窍孔遍体，玲珑剔透为主要特征。它出自于苏州城外玉峰山，古称马鞍山。

它与灵璧石、太湖石、英石同被誉为"中国四大名石"，又与太湖石、雨花石一起被称为"江苏三大名石"，在奇石中占据着重要的地位。

大约在几亿年以前，由于地壳运动的挤压，昆山地下深处岩浆侵入了岩石裂缝，冷却后形成矿脉。在这矿脉晶洞中生成石英结晶的晶簇体便是昆石。

由于其晶簇、脉片形象结构的多样化，人们发现它有"鸡骨"、"胡桃"等10多个品种，分产于玉峰山之东山、西山、前山。

鸡骨石由薄如鸡骨的石片纵横交错组成，给人以坚韧刚劲的感觉，它在昆石中最为名贵；胡桃石表皱纹遍布，块状突兀，晶莹可爱。此外，昆石还有"雪花"、"荷叶皴"等品种，多以形象命名。

拓展阅读

元代，发现了另一种精美的观赏石，那就是齐安石，产于湖北省，黄州城西有小山，山上多卵石，黄州古时名为齐安。故名齐安石，亦称黄州石。

黄州石质地坚而柔韧，光滑圆润，温莹如玉；呈红黄之深浅色，有的纹理细如丝，既鲜丽，又宛然；形状多为椭圆、扁圆，也有奇形怪状的，以奇形为佳；大者如西瓜，最小者亦似黄豆粒。

黄州石是一种五彩玛瑙石，宋苏东坡首藏，至元代大量应用于观赏。其赏玩最好是水浸法，水浸石长年润泽不枯，生机盎然，石子色泽、纹理、图案尽显，有极高观赏价值。

重新兴盛的明代赏石文化

明代的江南园林，变得更加小巧而不失内倾的志趣和写意的境界，追求"壶中天地"、"芥子纳须弥"式的园林空间美。明末清初《闲情偶记》作者李渔的"芥子园"也取此意。

晚明文震亨《长物志·水石》中说："一峰则太华千寻，一勺则江湖万里。"是以小见大的意境。

晚明祁彪家的"寓山园"中，有"袖海"、"瓶隐"两处景点，便有袖里乾坤、瓶中天地之意趣。

而计成在《园冶·掇山》中说："多方胜景，咫尺山林，……深意画图，余情丘壑"，也表明了当时赏石文化的特色。

明朝晚期，扬州有

望族郑氏兄弟的4座园林，被誉为江南名园之四。其中诗画士大夫郑元勋的"影园"，就是以小见大的典范。

郑氏在《影园自记》中说："媚幽阁三面临水，一面石壁，壁上植刿牙松。壁下为石涧，涧引池水入，畦畦有声。涧边皆大石，石隙俱五色梅，绕阁三面至水而止。一石孤立水中，梅亦就之。"

赏石与幽雅小园谐就致趣，所谓"略成小筑，足征大观"是也。

于敏中《日下旧闻考》说："淀水滥筋一勺，明时米仲诏浚之，筑为勺园。"米万钟在北京海淀建"勺园"，取"海淀一勺"之意，自然以水取胜。明王思任《米仲诏勺园》诗："勺园一勺五湖波，湿尽山云滴露多。"

米万钟曾绘《勺园修褉图》长卷，尽展园中美景。《日下旧闻考》记："勺园径曰风烟里。入径乱石磊砢，高柳荫之。……下桥为屏墙，墙上石曰雀浜。……逾梁而北为勺海堂，堂前怪石蹲焉。"园中赏石亦为奇景。

《帝京景物略》称勺园中"乱石数垛"，后来颐和园中蕴含"峰虚五老"之意的五方太湖石，就是勺园的遗石，象征一年四季之"春华、秋实、冬枯、夏荣"的四季石与老寿星被称为"峰虚五老"，象征长寿之意。

米万钟建"勺园"应在万历晚年。他在京城还有"湛园"、"漫园"两处园林，但都不及"勺园"名满京城，明朝万历至天启年间，京都的达官显贵、文人墨客皆到米氏三园游览，米万钟也因园名噪，京都名流皆赞：米家有四奇，即园、灯、石、童。

米万钟对五彩缤纷的雨花石叹为奇观，于是悬高价索取精妙。当地百姓投其所好争相献石，一时间多有奇石汇于米万钟之手。

米万钟收藏的雨花石贮满大小各种容器。常于"衙斋孤赏，自品题，终日不倦。"其中绝佳奇石有"庐山瀑布"、"藻荇纵横"、"万斛珠玑"、"三山半落青天外"、"门对寒流雪满山"等美名。并请吴文仲画作《灵岩石图》，胥子勉写序成文《灵山石子图说》。米万钟对雨花石鉴赏与宣传，贡献良多。

米万钟爱石，有"石痴"之称。他一生走过许多地方，向以收藏精致小巧奇石著称。明代闽人陈衎《米氏奇石记》说："米氏万钟，心清欲澹，独嗜奇石成癖。宦游四方，袍袖所积，唯石而已。其最奇者有五，因条而记之。"他在后面文中所记五枚奇石：两枚高四寸许、一枚高八寸许、两枚大如拳，皆精巧小石也。

其后，林有麟藏雨花石也很有成就，所著《素圆石谱》精选35品悉心绘制成图，一一题以佳名。

再后，姜二西也是热心收藏雨花石的大家。姜二西本名姜绍书，明末清初藏书家、学者，字二酉，号晏如居士。

随着中外交流日益频繁，明代已经能够经常见到西洋的人了，于是姜二酉所藏雨花石也有起名如"西方美人"，此石长约4.9厘米，宽约2.7厘米，色草黄椭圆形而扁。上有西洋美女首形，头戴帽一顶，两肩如削，下束修裙，细腰美颊，丰胸凹腹，体态轻盈，人形全为黑色。

再如雨花石精品"暗香疏影"，石为径约3.3厘米的圆形，质地嫩黄，温润淡雅，上有绿色枝条斜生石面，枝上粉红花纹绕之，鲜润艳丽，如同一树梅花，颇具诗意。

还有神秘色彩的雨花"太极图"，该石为球状，黑白分明，界为曲形，成为一幅极规范的太极图。

姜绍书之祖养讷公，是孙石云之馆甥，曾与石云到古旧物市场，他年到一圆石莹润精彩，摇一下听声好似空心，石云以为是璞玉，买回后请人剖开。一看里面是一天成太极图，黑白分明，阴阳互位，边缘还环绕着如霞般的红线。

此石经转手到了严嵩手中，后来严嵩被抄家，此石落入明代皇宫内府。

而取名"云翔白鹤"的雨花石，则石质淡灰如云，云端中跃然一只白鹤，其翱翔神态栩栩如生。

"梅兰竹菊"为4块雨花石：梅石疏影横斜；兰石幽芳吐馥；竹石抱虚传翠；菊石傲霜迎风。四石各具其妙。

另外，神奇孤品"老龟雏鹅"，此石黑质白章，大近6.6厘米，一面为伸颈老龟之大像，一面是一只天真的小鹅雏。

明代南方文气极盛，如有名的"江南四大才子"，四才子之一文徵明长子文彭，字寿承，号三桥，明朝两京国子监博士，人称文国博。幼承家学，诗、文、书、画均有建树。尤精篆刻，开一代印论之先河。

明中叶的六朝古都南京，王气不再，经济文化却很繁荣。

1557年的一天，一位读书人肩舆青童，逍遥过市，来到珠宝廊边的西虹桥时，听到阵阵争吵声，于是下轿观看。

只见一位外地老汉，身负两筐石头，身边一只赢瘦的毛驴，也驮着两筐石头，正与一位本地人理论。见有读书人到来，老汉赶忙上前请求主持公道。

原来那个本地人约定要买老汉的石头，老汉带来4筐石头，因路途遥远，很是辛苦，恳求买家加些路费，买家坚决不肯，于是两人争执不下。

读书人仔细打量了一番说，两位不必争吵，我出两倍价钱外加运费，收下这4筐石头，于是这桩公案圆满了结。谁也没有料到，这4筐石头的出场，竟然石破天惊，引发了一场我国印学史上的重大革命。

明代，国家最高学府是国子监。朱棣迁都北京，重设国子监，而留都南京的国子监依然保留，于是有了"南监"、"北监"之分。而买下那4筐石头的读书人，就是南京国子监博士文彭，而那4筐石头即为著名的青田"灯光冻"。

玺印为执信之物，艺术滥觞于先秦，兴盛于两汉，衰微于唐宋，巅峰于明清。明吴名世《翰苑印林·序》说："石宜青田，质泽理疏，能以书法行乎其间，不受饰，不碍力，令人忘刀而见笔者，石之从志也，所以可贵也。故文寿臣以书名家，创法用石，实为宗匠。"

青田石硬度小，文彭以此石为材，运用双钩刀法，奏刀有声，如笔意游走，实为开山宗师。

文彭也是边款艺术的缔造者，除了印文，他在印章的其他五面，以他深厚的书法功底和文化学养，师法汉印，锐意进取，篆刻出诗词美文、警句短语、史事掌故等，使印章成为完美的艺术品。

明代周应愿在《印说》中写道："文也、诗也、书也，与印一也。"这种"印与文诗书画一体说"，将印提升到最高的审美境界。文彭正是这种艺术的集大成者。

《琴罢倚松玩鹤》印章，为文彭50岁时力作，四面、顶部皆有款识，共刻有70余字。松荫鹤舞，鼓琴其间，啸傲风雅。印款笔势灵动，用刀苍拙，直是汉魏遗风。印文边缘多有残损，颇有金石古韵。印石彰显出文人宽怀从容、淡雅有格的自信神态。

为印石艺术传播推波助澜的人，还有一位文彭的挚友，以诗文名世、官至兵部左侍郎的汪道昆。他在文彭家里看到4筐石头，随即出资买下100方印石，请文彭、何震师徒镌刻。

不久，汪道昆到北京特意拜访吏部尚书，尚书也渴望得到文彭的印章。于是文彭又被任命为北京国子监博士，这就是文彭"两京国子监博士"的由来。而印石艺术也迅速传向北方。

这一时期，还开发了除青田石之外的寿山石。寿山石因分布于福州市郊的寿山而得名，又可分为田坑石、山坑石、水坑石三大类。

由于寿山石"温润光泽，易于奏刀"的特性，很早就被用于作雕刻的材料。寿山上的僧侣，闲时就地取材，用寿山石雕香炉、佛像等，还被广泛作为殉葬的石俑。

在福州市区北郊五凤山的一座南朝墓中，就发现两件寿山石猪俑，这说明，寿山石在1500多年前的南朝，便已被作为雕刻的材料。

环绕着寿山村的是一条涓涓的流水溪泉，就在这涓涓绕村行的寿山溪两旁的水田底层，出产着"石中之王"之称的寿山石。因为产于田底，又多现黄色，故称为田坑石或田黄。

田石以色泽分类，一般可主要分为田黄、红田、白田、灰田、黑田和花田等。

田黄石是寿山田石中最常见的品种，也最具代表性的石种。田黄的共同特点是石皮多呈微透明，肌理玲珑剔透，且有细密清晰的萝卜纹，尤其黄金黄、橘皮黄为上佳，枇杷黄、桂花黄等稍次，桐油黄是田黄中的下品。

田黄石中有称田黄冻者，是一种极为通灵澄澈的灵石，色如碎蛋黄，产于中坂，十分稀罕，自明代以前即列为贡品。

白田石是指田石中白色者，质地细腻如凝脂，微透明，其色有的纯白，有的白中带嫩黄或淡青。石皮如羊脂玉一般温润，越往里层，色地越淡，而萝卜纹、红筋、格纹却越加明显，似鲜血储于白绫缎间。石品以通灵、纹细、少格者为佳，质地不逊于优质田黄石。

田石中色红者称为红田石。生为红田有两种原因，一为自然生成一身原红色；一为人工煅烧而成后天红，天生的红田石称为橘皮红，是稀有石种。

寿山村外原有一座"广应寺"，建于884年。寺中僧人时常采集田黄石，研磨成粉末给周围百姓治病，未用的石头储存于寺内，积攒田黄无数。

元末战乱，广应寺因曾收留过朱元璋而被元兵付之一炬，连同僧人辛辛苦苦积攒起来的田黄石也沉默于火中，田黄石经火炙后又埋入土中。

造化弄人，数百年的日晒雨淋、水分浸蚀不但没有让这些深埋于

废墟之下的田黄石黯然失色，特殊土壤的滋养反而赋予了它们更为绚丽的生命，既保留了田黄石原有的优良品质，更进一步成就了其温润如古玉的厚重质朴的独特魅力。

此时的"寺坪田"寿山石不再仅仅是简单的石头，更像是历经风云变幻后的智者，它们静静地守护着广应寺这片饱经沧桑的土地，记录了历史，见证了岁月的变迁。

广应寺在明洪武和崇祯年间，两次焚毁、重建，明时寺坪石的数量颇多，

到广应寺附近采集寺坪石也成为文人雅士的风尚，寺坪田的身价逐年上涨，在当时就已经是"易金十倍"了。

寿山村东南有山名坑头山，是寿山溪的发源地，依山傍水有坑头洞和水晶洞，是出产水坑石的地方。因为洞在溪旁，石浸水下，故又称"溪中洞石"。

水坑石出石量少，佳质尤罕，是寿山石中各种径冻石的荟萃，主要品种有水晶冻、黄冻、天蓝冻、鱼脑冻、牛角冻、鳝鱼冻、环冻、坑头冻及掘性坑头等，色泽多黄、白、灰、蓝诸色。

山坑石，是寿山石中的大宗，是高中档寿山石印章和石雕艺术品的主要原料来源。高山系是山坑石的总代表。

晚明时期，文房清玩达到鼎盛，形制更加追求古朴典雅。晚明屠隆所著《考槃馀事》记载有45种古人常用的文房用品。

文彭之孙文震亨在《长物志》中列出49项精致的文房用具。精巧的奇石自然是案头不可或缺的清玩。

如《长物志》中说到："石小者可置几案间，色如漆、声如玉者最佳，横石以蜡地而峰峦峭拔者为上。"

因几案陈设需要精小平稳，明代底平横列的赏石和拳石更多的出现，体量越趋小巧，精致赏石在文房中已占有重要地位。

明代精致文化的繁荣发展，促进了园林、文房、赏石精致理念的普遍认知。这种认知，又促使文人著书立说，创造了更加精深的典籍，成为精致文化的传承宝库。

晚明计成，字无否，苏州人。计成游历山川胜景，又是山水绘画高手，因造园技艺超群而闻名遐迩。他曾为郑元勋造"影园"、为吴又予建"吴园"、为汪士衡筑"寤园"，都是技艺精湛、以小见大的典范。

计成《园冶·掇山》中说："岩、峦、洞、穴之莫穷，涧、壑、坡、矶之俨是。信疑无别境，举头自有深情。蹊径盘且长，峰峦秀而古。多方景胜，咫尺山林。"

奇石在造园中是不可替代的景观，能创造出以小见大的自然胜景。《掇山》对造园的景观石有很深的见解。释"峰"为："峰石一块者，相形何状，造合峰纹石，令匠凿笋眼座，理宜上大下小，立之可观。"释"峦"说："峦，山头高峻也，不可齐，亦不可笔架式，或高或低，随至乱掇，不排比为好。"释"岩"说："如理悬岩，起脚宜小，渐理渐大，及高，使其后坚能悬。"

计成释石之说，既是造园之谈，又是鉴石之道。他的《园冶》是世界上最早的园林专著，对我国乃至世界造园艺术都产生了重大影响。

文震亨所著《长物志》是晚明士大夫生活的百科全书，其中论及案头奇石，尤有深意。

《长物志·水石》卷说："石令人古，水令人远，园林水石不可无。要须回环峭拔，安置得宜。一峰则太华千寻，一勺则江湖万里。"

前句言石令人返璞之思，水引人做清隐之想。后句示于细微处览山水大观，意境深洞成玩家圭臬。

《长物志》是文房的经典、赏石的精致、生活的精细，是晚明士子的百科全书。雅趣深至，广播于四海。

钟乳石又被称为石灰华，多产于石灰岩溶洞中。钟乳石有多种颜色，乳白、浅红、淡黄、红褐，有的多种颜色间杂，形成奇彩纷呈的图案，常常因含矿物质成分不同，而色彩各异。

它的形状千奇百怪，笋状、柱状、帘状、葡萄状，还有的似各种各样的花朵、动物、人物，清晰逼真，栩栩如生。此石表面滑润，取其根部可磨出鲜艳精美的图案。

如有一块著名的叫"嫦娥奔月"的钟乳石，呈现出一片红褐色天空，流淌着一条蜿蜒的银河，就在河之半圆中，嫦娥拖着白色长裙，势欲飞奔，真是活灵活现，妙趣横生。

所以，钟乳石用途广泛，给它配上底座，放置于客厅茶几上，十分美观；将它植于陶盆中，因石上有细孔累累绕之，可栽花种草，组成山水盆景，也显得高雅清秀。

1640年，云南丽江木增太守派出一支人马，抬着双足俱废的徐霞客，连同他的书籍、手稿、怪石、古木等物品，历时半年，万里迢迢送回故乡。

据友人陈函辉《徐霞客墓志铭》记载：徐霞客回到家乡江阴后卧病在床"不能肃客，惟置怪石于榻前，摩挲相对，不问家事。"翌年正月病逝。

明末松江府华亭人林有麟，字仁甫，号衷斋，累官至龙安知府。画工山水，爱好奇石。中年撰写《素园石谱》，以所居"素园"而得名。林有麟是奇石收藏家，他在《素园石谱自序》中说："而家有先人'敝庐'、'玄池'石二拳，在逸堂左个。"林有麟祖上就喜爱奇石，除以上两石，尚有"玉恩堂砚山"传至林有麟手中。

林家还藏有"青莲舫砚山"，其大小只有掌握，却沟壑峰峦孔洞俱全。他在素园建有"玄池馆"专供藏石，将江南三吴各种地貌的奇石都搜集到，置于馆中，时常赏玩。朋友何士抑送给林有麟雨花石若干枚，他将其置于"青莲舫"中，反复品赏把玩，还逐一绘画图形、品铭题咏，附在《素园石谱》之末，以"青莲绮石"命名之。

《素园石谱》全书分为4卷，共收录奇石102种类，249幅绘图。景观石为最大类别，其中又有山峦石、峰石、段台石、河塘石、遮雨石等形态。另外还有人物、动物、植物等各种形态的奇石。化石、文房石、以图见长的画面石等也收录在谱，可谓洋洋大观。

明代是我国传统文化的鼎盛时期，各类艺术渐臻完备，明式家具几成中国经典家具艺术的代名词。赏石底座也随势而上，得到充分发展。明代赏石底座专属性已经成熟，底座有圆形、方形、矩形、梯形、随形、树桩形、须弥座等门类的诸多形状。圭脚主要有垛形和卷云形两种。

明代制作石底座的高手，集中在经济发达的苏州、扬州、南通、松江一带，通称苏派。苏派用料讲究、做工精细，风格素洁文雅、圆润流畅，后世技艺传承不衰。

拓展阅读

"奇峰乍骈罗，森然瘦而雅"，这是明人江桓在获得三峰英石之后发出的赞叹。英石亦是四大名石之一，因产于广东省英德县英德山一带而得名。

它开发较早，在北宋人赵希鹄的《洞天清禄》、杜绾《云林石谱》即有著录。陆游在《老学庵笔记》中也写道："英州石山，自城中入钟山，涉锦溪，至灵泉，乃出石处，有数家专以取石为生。其佳者质温润苍翠，叩之声如金玉，然匠者颇秘之。常时官司所得，色枯槁，声如击朽木，皆下材也。"

英石分为水石、旱石两种，水石从倒生于溪河之中的巉岩穴壁上用锯取之，旱石从石山上凿镢一般为中小形块，但多具峰峦壁立、层峦叠嶂、纹皱奇崛之态，古人有"英石无坡"之说。英石色泽有淡青、灰黑、浅绿、黝黑、白色等。

再达极盛的清代赏石文化

进入清代，享受自然山水美的同时，不少人对自然山水进行了详细考察、探索，揭示名山大川的自然奥秘，使山水审美和山水科学相结合，促进了山水审美的不断深化。

明末清初，园林发展迅速，一些著名的文人画家也积极参与造园，园林中置石、叠石以奇特取胜，把绘画、诗文、书法三者融为一体，使园林意境深远，更具诗情画意。

如建于清嘉庆年间的扬州个园中有四季假山，采用以石斗奇、分峰用石

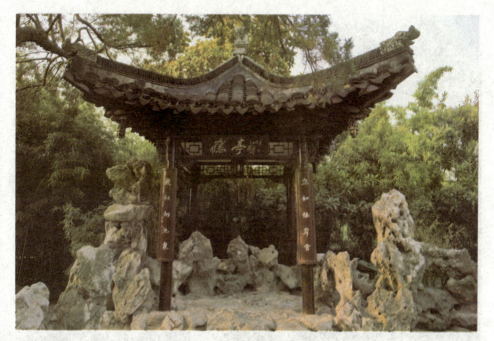

的手法，表现春、夏、秋、冬意境。

园的正前方为"宜雨轩"，四面虚窗，可一览园中全景，园的后方为抱山楼，楼上下各有七楹，西联夏山，东接秋山，春景，在竹丛中选用石绿斑驳的石笋插于其间，取雨后春笋之意。以"寸石生情"之态，状出"雨后春笋"之情，看着竹叶让人会意"月映竹成千个字"，这也是个园得名缘由之一。

这幅别开生面的竹石图，运用惜墨如金的手法，点破"春山"主题，告诉人们"一段好春不忍藏，最是含情带雨竹"。同时还传达了传统文化中"惜春"理念。

如果说园门外是初春之景，那么过园门则是仲春的繁荣，这里用象形石点缀出十二生肖忙忙碌碌争相报春，还有花坛里间植的牡丹芍药也热热闹闹竞吐芳华，好一派渐深渐浓的大好春光。

令人惊奇的是，这种春色的变化是在不知不觉间自然而然完成的。个园春山宜游，原不在游程长短，而在游有所得，游有所乐。

夏景，是在浓荫环抱的荷花池畔叠以太湖石，使人感到仲夏的气息。造园者利用太湖石的凹凸不平和瘦、透、漏、皱的特性，叠石多而不乱，远观舒卷流畅，叠石似云翻雾卷之态巧如云、如奇峰；近视则玲珑剔透，似峰峦、似洞穴。

山上古柏，枝叶葱郁，颇具苍翠之感；山的北面有一池塘，在睡莲之间不停地有游鱼穿梭，静中有动，趣味盎然。池塘的右侧附有一座小桥可直达夏山的洞穴。在炎热的夏天，清爽的洞穴不失为一个避暑的好去处。

拾阶向上，一株紫藤立于山顶，让游人忘却烦恼，流连忘返。夏山宜看，远看高低都是景，让人左顾右盼，目不暇接。表现了初夏至盛夏时节大自然的细腻精致，园主仕途和商场的风发之情溢于言表。

抱山楼之后，通过"一"字长廊，便是园之秋景，相传如此气势雄伟的景色出自清代画家石涛之手。如果说个园以太湖石的清新柔美曲线表现夏天的秀雅怡静，那么黄山石则凸显秋天雄伟阔大的壮观。

黄山石既有北方山岭之雄，又兼南方山水之秀；黄山石有的颜色显储黄，有的赤红如染，假山主面向西，夕阳西照，色彩炫目，使秋山成为个园最富诗情画意的假山。整座山山势较高，面积也较大。整个山体分中、西、南3座，有"江南园林之最"的美誉。

最后用产于安徽的宣石来表现个园的冬，宣石因其洁白如雪的外貌又被称为雪石。

假山被置于背阴的南墙之下，终年不见阳光，又因宣石内含有石英，无论是上午背阳时，还是下午夕阳西照时，犹如积雪未消，都会营造出一副积雪未融的感观。

造园家在西墙上有规律的开了些圆洞，组成一幅特殊的漏窗图

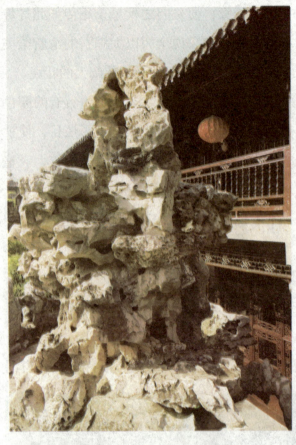

景，使冬味更胜。

每当阵风吹过，这些洞口会随风的强弱发出不同的声音，像是冬天西北风的呼叫，通过几排透风漏月的圆孔，看到的是春景的翠清竹、春石笋，使人产生了"冬天来了，春天还会远吗"的感受，同时也使冬春季节转换更为流畅自然。

个园的四季假山堆叠精巧，精心创造了象征四季景色的假山，技术精湛，构思奇妙。假山在亭台楼阁的映衬下，更显得古朴典雅，纲邃雄奇。

石涛是我国清初杰出的大画家，他在艺术上的造诣是多方面的，不论书画、诗文以及画论，都达到高度境界，在当时起了革新的作用。在园林建筑的叠山方面，也很精通。

《扬州画舫录》《扬州府志》及《履园丛话》等书，都说到他兼工叠石，并且在流寓扬州的时候，留下了若干假山作品。

如扬州"片石小筑"即为石涛之杰作，气度非凡。峭岩深壑幽洞石矶，石峰突起，妙极自然，宛如天成，充满诗情画意。假山位于何宅的后墙前，南向，从平面看来是一座横长的倚墙假山。

西首为主峰，迎风耸翠，奇峭迫人，俯临水池。度飞梁经石磴，曲折沿石壁而达峰巅。峰下筑方正的石屋两间，别具广格，即所谓"片石小筑"。

向东山石蜿蜒，下构洞曲，幽邃深杳，运石浑成。此种布局手法，主峰与山洞都更为显著，全局主次格外分明，虽地形不大，而挥洒自如，疏密有度，片石峥嵘，更合山房命意。

石涛所叠的万石园，是以小石拼凑而成山。片石小筑的假山，在选石上用很大的工夫，然后将石之大小按纹理组合成山，运用了他自己画论《苦瓜和尚画语录》上"峰与皴合，皴自峰生"的道理，叠成"一峰突起，连冈断堑，变幻顷刻，似续不续"的章法。

因此虽高峰深洞，了无斧凿之痕，而皴法的统一，虚实的对比，全局的紧凑，非深通画理又能与实践相结合者不能臻此。

因为石料取之不易，一般水池少用石驳岸，在叠山上复运用了岩壁的做法，不但增加了园林景物的深度，且可节约土地与用石，至其做法，则比苏州诸园来得玲珑精巧。

戈裕良比石涛稍后，为乾隆时著名叠山家。他的作品有很多就运用了这些手法。从他的作品苏州环秀山庄，可看出戈氏能在继承中再提高。

苏州环秀山庄多用小块太湖石拼合而成，依自然纹理就势而筑，整体感很强，悬崖、峭壁、山洞、洞壑浑然一体，并在咫尺之内形成活泼自然、景致丰富的园林景观。

环秀山庄假山主峰突兀于东南，次峰拱揖于西北，池水缭绕于两山之间，其湖石大部分有涡洞，少数有皱纹，杂以小洞，和自然真山接近。主峰高7.2米，涧谷约12米，山径长60余米，盘旋上下，所见皆危岩峭壁，峡谷栈道，石室飞梁，溪涧洞穴，如高路入云，气象万千。

正面山形颇似苏州西郊的狮子山，主峰突起于前，次山相衬在后，雄奇峻峭，相互呼应。主山以东北方的平冈短阜作起势，呈连绵不断之状，使主山不仅有高耸感，又有奔腾跃动之势。

至西南角，山形成崖峦，动势延续向外斜出，面临水池。山体以大块竖石为骨架，叠成垂直状石壁，收顶峰端，形成平地拔起的秀峰，峰姿倾劈有直插江边之势，好似画中之斧劈法。

山脚与池水相接，岸脚上实下虚，宛如天然水窟，又似一个个泉水之源头，与雄健的山石相对照，生动自然。

主山之前山与后山间有两条幽谷：一是从西北流向东南的山涧，一是东西方向的山谷。涧谷汇合于山之中央，成丁字形，把主山分割成3部分，外观峰壑林立，内部洞穴空灵。

前后山之间形成宽约1.5米、高约6米的涧谷。山虽有分隔，而气势仍趋一致，由东向西。山后的尾部似延伸不尽，被墙所截。这是清代"处大山之麓，截溪断谷"之叠山手法。

山涧之上，用平板石梁连接，前后左右互相衬托，有主、有宾、有层次、有深度。更由于山是实的，谷是虚的，所以又形成虚实对比。山上植花木，春开牡丹，夏有紫薇，秋有菊花，冬有松柏，使山石景观生机盎然。

假山后面有小亭，依山临水，旁侧有小崖石潭，借"素湍绿潭，四清倒影"之意，故取名"半潭秋水一房山"。

　　假山逼真地模拟自然山水，在660多平方米左右的有限空间，山体仅占半亩，然而咫尺之间，却构出了谷溪、石梁、悬崖、绝壁、洞室、幽径，建有补秋舫、问泉亭等园林建筑。

　　由于戈裕良掌握了石涛的"峰与皴合，皴自峰生"的道理，因而环秀山庄深幽多变，以湖石叠成；而燕园则平淡天真，以黄石掇成。

　　前者繁而有序，深幽处见功力，如王蒙横幅；后者简而不薄，平淡处见蕴藉，似倪瓒小品。盖两者基于用石之不同，因材而运技，形成了不同的丘壑与意境。

　　江南园林发展迅猛，以宅园为多，它与住宅建筑紧密相连，实际上是住宅空间的延续，掇山、理水、布石、种花、点缀亭榭，成为自然山林之缩影。

清代在北方建造规模宏大的皇家园林，如圆明园、清漪园、静明园、避暑山庄等，都借鉴江南园林景色，因地制宜，寄情山水，状貌山川形神之美。

紫禁城御花园内，有著名的"三大奇石"，位于天一门路旁左侧的称"海参石"，石长近0.80米，高约0.6米，石表面的形状犹如许多海参互相拥挤在一处，每根海参的大小和表面形状都与真海参酷似，令人感到自然造化的神奇。

盆景下部配有一方形汉白石须弥座。在天一门路旁右侧，与海参石相对而设的是"诸葛拜斗石"，该石的奇妙之处是石面上有两块天然石斑纹：一处石斑纹是在黝黑的岩石上呈现点点的白斑痕，很像北斗七星；另一处石斑纹酷似一穿长袖袍的人正在躬身参拜北斗七星。

因天然石斑纹正与三国蜀国名相诸葛亮参拜北斗七星的故事相合，故名"诸葛拜斗石"。此石下面配有一方形汉白玉石雕须弥座。

在御花园东南角绛雪轩前方，为紫禁城御花园三奇石之一的"木变石"，石高1.3米，宽0.2米，厚0.1米，形高直修长，因外表似一块朽木而得名。上刻有乾隆御题诗句一首。

　　清代在园林用石方面，虽然北方叠石堆山受南方影响，但自成一格。清代张南垣、张然父子为造园名家，中南海、北海、中山公园等处假山都是他们的代表作。号称万园之园的圆明园，平地造园，因地制宜形成岗阜连接、起伏自然的山系。

　　北京皇宫御花园绛雪轩前砌方形五色琉璃花池，种牡丹、太平花，当中还特置了太湖石，形成一个大型盆景。

　　萃锦园在恭王府花园内，有垂青樾、翠云峰两座青石假山，有"飞来石"耸立，还有姿态奇特的太湖石、滴翠岩。山的堆叠奇巧天成，有洞壑，有瀑布。据《日下旧闻考》："池东百步置石，石纹五色，狭者尺许，修者百丈。"

北京半亩园建于清康熙年间，"叠石成山，引水作沼，平台曲室，奥如旷如"。叠山系出自李渔之手，以青石叠石，石呈片块状，形象刚健，适宜横行叠砌，犹如画中斧劈皴，显示出阳刚之美，为"京城之冠"。

另外，中山公园的青云片、青莲朵、绘月等名石，均为圆明园遗物。

青云片石原放置于秀清村，即别有洞天河北岸西端时赏斋前。石高3米，长3.2米，周围7米。色青奇特，玲珑剔透，姿态优美。上刻有乾隆题"青云片"3字，又诗8首。

青云片石与万寿山的青芝岫石系姊妹石，原来在北京远郊房山县的深山里，明朝米万钟爱石成癖，在他的海淀勺园里，陈列着许多怪石。他发现这块大青石后，非常喜欢，决心运回勺园。

可是石头太大太重了，人们抬不起，马匹拉不动。于是就雇了很多民工，先修起一条大路，又在路旁每隔3里打一眼小井，五里打一眼大井。到了冬天，就提水泼路，冻成了一条冰水道。大道一直修到了房山大石窝。

米万钟为运这块大青石，花了不知多少钱，石头运到良乡，他的财力也耗尽了，只好丢弃路边。所以，当时人们就把这块大青石叫作"败家石"。

到了清朝，乾隆皇帝到西陵祭祖回来，走到良乡看到了这块奇异的大青石，就问大臣刘墉："这块大青石，为何弃置路旁？"

刘墉很会揣度皇帝的心思，见他看上了这块山石，就说："这是明朝米万钟在房山大石窝发现的一块灵石，他想运回海淀，但是这块灵石嫌到米家去是大材小用，就蹲在良乡不走了。"

乾隆听说山石有灵，只有皇家才配享用，就传下圣旨，叫文官下轿，武将下马，点着香火，参拜灵石；还限期把败家石运到清漪园。

那时候，乐寿堂的院墙已经修好，败家石太大，只好拆门运进院里。皇太后听说了，以为败家石本来就是不祥之物，要是再"破门"而入，那更不吉利了，她就出面劝阻。乾隆也不敢违拗，但是看着这块灵石扔在门外，也不甘心。

后来，还是刘墉给他出了主意，说这块大青石形似灵芝，会给皇家增添瑞气，象征着人寿年丰，皇基永固！只有放置在乐寿堂前，才最为适宜。如果弃置荒野，那倒是很不吉利的。乾隆把这番道理向皇太后一讲，太后转忧为喜，让快点把大青石运进乐寿堂来。

乾隆称心如意，就赐名"青芝岫"，又挥笔题写了"神瑛"、"玉秀"4个大字，还命大臣们题字写诗，都刻在大青石上。从此，这块青芝岫就名扬天下了。

青莲朵原是圆明园内长春园茜园之旧物，后放于中山公园社稷坛西门外小土山前，该石是一块800多年历史的太湖石，高1.7米，周围3

米，石上沟壑遍布，质地细密，上刻乾隆御笔"青莲朵"3字。

据考证，这座太湖石原系南宋临安德寿宫中故物，原名"芙蓉"。宫苑中有古梅，南宋高宗赵构退位当太上皇，淳熙五年二月初一，皇帝到德寿宫朝拜以后，太上皇特地留皇帝在石桥亭子上看古梅，太上皇介绍说："苔梅有两种：一种宜兴张公洞者，苔藓甚厚，花极香；一种出越上，苔如绿丝，长尺余。今岁同时著花，不可不少留一观"。

与此同时，赵构还对儿子孝宗说："这里有很多奇石是太湖石之王，其中透、漏、丑都具备，样子极像一朵含苞欲放的莲花，应该为芙蓉石"。

德寿宫后因无人居住，逐渐荒废，至乾隆时已不及原规模十之二三，但某些遗迹尚存。明时又有镌梅石碑，以传德寿宫旧迹。明代画家孙扶和兰瑛合作，画了一梅一石成《梅石画》，刻于石碑上，名曰："梅石碑"，置于"芙蓉石"旁。

1751年，乾隆第一次南巡至杭州游玩德寿宫，一见"芙蓉石"就十分喜爱，以衣袖拂拭"抚摩良久"；并吟诗道：

> 临安半壁苟支撑，
> 遗迹披寻感慨生。
> 梅石尚能传德寿，
> 苕华又见说兰瑛。
> 一拳雨后犹余润，
> 老干春来不再荣。
> 五国内沙埋二帝，
> 议和喜乐独何情。

浙江地方官领悟"圣意"，转年就将此石运至京师。乾隆降圣旨置于长春园的茜园太虚空院中，并亲自命名为"青莲朵"。

　　1765年，乾隆第四次南巡时，得知梅石碑当初镌碑情况，便命人摹刻梅石碑一通，与杭州旧碑并立。

　　1767年，乾隆又重摹一刻碑，置于圆明园茜园"青莲朵"石侧旁。乾隆念念不忘这段逸事，到他最后一次南巡时还兴致盎然为此事吟诗。

　　清代赏石之风比明代更盛，赏石极为普遍，所藏石种更加丰富，几架等也更加讲究。太湖石、灵璧石、大理石、雨花石、矿石等均在收藏之列。

　　而且，一些文人积极参加造园活动，广泛收藏观赏石，涌现出一批造园和赏石的著作、专论、石谱，赏石已成为相互赠送的贵重礼品，有的把奇石视作聚财增值的雅玩，广为收藏。

　　清代诸九鼎《石谱》中说："今偶入蜀，因忆杜子美诗云：'蜀道多草花，江间饶奇石。'逐命童子向江上觅之，得石子十余，皆奇怪精巧。后于中江县真武潭，又得数奇石，乃合之为石谱，各记其形状作一赞。"

　　清代周棠也著有《石谱》。周棠，字少白，浙江兰西人，善画，尤爱好徐青藤、陈白阳的疏放、超脱的绘画风格，爱石并善画石，有"清代画石第一"之赞誉。

　　他纵览石谱，"唯画石未见有谱"，遂选择姿态奇特的石头，仔细端详认真摹写，待胸有成竹，一挥而就，姿态、色泽、品种千奇百怪，绝不雷同，可谓集赏石、画石之大成。

　　先秦时期，孔子的"山水比德说"将山水人格化，显示了当时的山水审美意识。明清以来在山水"比德学"的基础上又有了新的发展，把赏石从以缩写自然景观和直观形象美为主，提高到追求人生哲理，使其内涵更为丰富，更具哲理。

著名书画家石涛提出"山有是任"、"山之受天之任而任"，将主观之情移寓于客观之物，使自然被人格化了。"吾人之任山水也"，"至人无法，无法而法，乃为至法"。

晚清赵尔丰以石为师、以石为友，更是高人一筹，在《灵石记》中说：

石体坚贞，不以柔媚悦人，孤高介节，君子也，吾将以为师；石性沉静，不随波逐流，然叩之温润纯粹，良士也，吾乐与为友。

赵尔丰藏有一块"多字石"，得之于川边，温润缜密，色深绿，白纹密布其上，放在水中细看，纵横颠倒，都是天生文字，而且篆籀行草楷各体都有，还有满文。

后来，赵尔丰与其下属共同研究，竟找出各体汉字189个、满文5个、梵文8个，共计205字。

此外，其上还有人物十余个，个个眉目具备，赵尔丰非常高兴，请来高手绘成图画，遍征名流题咏。

郑板桥酷爱竹石，云："石可破，不可夺其坚。"并以玩石自喻。

他在《竹石》中写道："十笏茅斋，一方天井，修竹数竿，石笋数尺，其地无多，其费亦无多也。而风中雨中有声，日中月中有影，诗中酒中有情，闲中闷中有伴，非唯我爱竹石，彼竹石亦爱我也。彼千金万金造园亭，或宦游四方，终其身不能归享。而吾辈欲游名山大川，又一时不得即往，何如一室小景，有情有味，历久弥新乎！"提出一个重清新、别致、追求意境的造园、赏石概念。

郑板桥喜画兰而不画蕙，画石而不点苔，奥妙是："不画蕙者，愚意欲香远而长，花少而贵。不点苔于石，是恐污浊洁净之石也。"

他主张淡雅、疏朗、以少胜多的审美观念，而"室雅何须大，花香不在多"是其观点的集中体现和高度概括。

郑板桥在赏石理论方面继承了苏东坡的观点，并又进一步发扬完善，使之系统化、完整化，在《板桥题画兰竹》中道：

东坡曰，石文而丑，一丑字则石之千态万状，皆从此出，彼元章但知好之为好，而不知陋劣之中有至妙也，东坡胸次，其造化之炉冶乎，燮画此石，丑石也，丑而雄，丑而秀。

因此，郑板桥在米芾赏石四字诀中又增加一个"丑"字，为"瘦、漏、透、皱、丑"。赏石以奇取胜，最忌平淡无奇，郑板桥以其奇才、怪才，提出"丑而雄，丑而秀"，对于赏石理论的深化作出了重要贡献，拓宽了赏石的视野，提高了赏石的品位。

清代，曹雪芹写成一部历史名著《红楼梦》，又称《石头记》，是运用浪漫主义手法对石头进行艺术想象加工创造的不朽之作。

传说女娲氏炼五彩石补天，遗留一块在大荒山青梗峰下，此石自叹无力补天，有一僧一道决心让石头到人间走一遭，从而演出一场红楼梦。

这补天遗石也就变成了贾宝玉的通灵宝玉，它也决定着宝玉的命运。奇石在作者的笔下，被赋予了伟大生命，于是变成了灵石，《石头记》也成为写石的伟大篇章。

曹雪芹不但写石，而且集石、画石。其友敦敏在《题芹圃画石》中既描述了画面，也写出了曹雪芹的傲骨：

傲骨如君世已奇，
嶙峋更见此支离。
醉余奋扫如椽笔，
写出胸中魂磈峠时。

蒲松龄《聊斋志异》寄托了他的孤愤，他栖居石隐园，收藏众多名石，如三星石、海岳石、蛙鸣石等，写出了很多有关赏石的文章，同时写出了一部石谱，对近100种奇石的出处、形状、色泽、质地及用途都作了详细描述。他对石隐园的一石一木倍加爱惜，倾注感情。

《石隐园》记载：

老藤绕屋龙蛇出，

怪石当门虎豹眠。

我以蛙鸣间鱼跃，

俨然鼓吹小山边。

自注："有类蛙鸣，余移置鱼跃石侧。"石隐园内怪石名花凡多，供后人欣赏追忆。

蒲松龄在《石清虚》中惟妙惟肖地描绘了一个爱石如命的邢氏老人从河中捞取一块奇石，视为珍宝，历经磨难，几经坎坷，矢志不变，既写出石之玲珑剔透、奇特，又写惜石之痴情，宁可折寿而不愿离石，可谓石痴，而绝非叶公好龙之徒。

清末名士谭嗣同在赏石鉴赏方面提出了独特的评价标准，他认为石如人，其外形与人一样，具有首、腹、貌、气、肤、年龄，并对每个部位提出了相应的鉴定要点。有《怪石歌七古》："其首秀而瘦，其腹漏而透，其貌陋而皱，其气厚而茂，其中秀而籀，其纪归而寿。"

清代文献中，也记载了很多奇石珍宝：

姜绍书藏有一块兰州石，青色大如柿，一天石头坠落地上，碎成三四块，发现该石中空；更奇怪的是，里面竟有一尾小鱼，落地时鱼竟然还跳了两下才死掉。

清代《西游记》小说与京剧开始流传，所以有的雨花石就命名为"悟空庞"，色如豇豆，上有一元宝形曲线且凸出石表现，在曲线正中偏上处恰又生出两个平列的小白圈，圈内仍是豇豆红色，极似京剧舞台上的孙悟空脸谱。

清代藏石家宋荦在香溪发

现了五色鸳鸯石。他在《筠廊偶笔》中说：归州香溪中多五色石。康熙时从溪中得一石，大如斗，里面好像有物，剖开后，竟得雌鸳鸯石一枚。后又过该溪，又得一石，剖开后，竟然得到雄鸳鸯石一枚，真是奇中又奇。

清乾隆年间，有人收藏一石，上面有山树，下有7个字："石出倒听枫叶下。"后人在黔州又得一石，花纹与前者大不一样，但也有一词句："橹摇背指菊花开。"于是将这两块石称为"对仗石"。

清代十七宝斋中藏有十七块宝石，均为河南禹州所产。其中有一石绿色，上有红牡丹一枚，背面有"富贵"两字。另一石洁白，长约6.7厘米，宽约3.3厘米多。细看上有两个小人，手指远方。旁边还有8个小字："红了樱桃，绿了芭蕉"。

拓展阅读

清康熙年间，内蒙古阿拉善左旗供入内府一块肉形石，是一块天然的石头，高5.73厘米，宽6.6厘米，厚5.3厘米。

此件肉形石乍看之下，极像是一块令人垂涎三尺。肥瘦相间的"东坡肉"，"肉"的肥瘦层次分明、肌理清晰、毛孔宛然，无论是色彩还是纹理，都可以乱真。

人们似乎都能闻到红烧肉的香味，真正是人间极品。